自然現象から学ぶ
微分方程式

differential equation

森　真 著

共立出版

序　文

「大学に入ると，物理は数学になり，数学は哲学になる」という言葉を聞いたことがあります．その理由の1つは高校で習う数学にあると思います．誤解を恐れずに極論を言えば，高校で学ぶ数学は微分積分を除けばほぼ紀元前にできた数学なのです．現代の物理を正確に語るには，高校在学中では数学の準備ができていないということです．必要な道具を高校の最後に学んだので，大学に入ると，物理の本質をようやく語れるようになった．それを表現した言葉が「物理は数学になる」ではないでしょうか．

大学で数学科の学生を教えていると物理の知識がないというより，物理に対する恐怖心さえもっていることをしばしば感じます．「大学に入ったら，物理は数学に」なったのですから，数学が得意ならば物理を学ぶチャンスが来たことに気づいて欲しいと思っています．数学と物理は切っても切れない縁がありますから，物理を学ぶことで数学に新しい視点を得ることができるでしょう．微分積分は物理から生まれ，物理のために発展してきた面もあります．物理の重要な手段である微分方程式をその方向から眺めてみました．言い換えれば「数学から物理を学び，物理から数学を学ぶ」を本書の目標の1つにしました．

数学が哲学になったと揶揄される理由は，一見不自然とも，無駄とも思える ε–δ 法に代表される数学の抽象化でしょう．抽象化の理由がわからない人にとって，抽象化された数学は哲学にみえるのではないでしょうか．数学を抽象化するには理由と目的があります．抽象化がどのように生まれ，そしてどれほど自然で必要なことであるかを，抽象化の例である関数空間や作用素を微分方程式を通して考えてみることをもう1つの目標としました．

最後の章に，コンピュータによる微分方程式のシミュレーションについて述べました．このシミュレーションは微分方程式の基礎理論である解の存在の証明から生まれてきたのです，つまり，解の存在の証明という抽象的な数学から実用的な解のシミュレーションの基礎が作られたのです．情報科学の発展とともに，コンピュータに入れればすべて解決するという風潮があります．単に解法を学ぶだけでなく，深い数学の知識なしに軽はずみに使用すれば間違いを生じることもわかって欲しいと思います．

筆者は物理の専門家ではありません．誤解しているところもあるかと思います．微分方程式を学びながら，数学の立場から見た物理の世界を楽しんでもらえたらと願っています．

共立出版の大越隆道さんには執筆を勧めて頂き，さらに大谷早紀さんと共に原稿を何度も読み返して，貴重な御意見を頂きました．また，大東文化大学の水谷正大さんには物理に疎い筆者に詳しいアドバイスを頂きました．さらに，日本大学の科目等履修生である澤田勉さんには，原稿を丁寧に読んで頂き，原稿の誤りや言葉遣いまでいろいろと御指摘頂きました．四人の方にこの場を借りして感謝の意を表したいと思います．澤田さんはコンピュータの世界でご活躍され，現役を退かれてから，数学に興味をもたれ，勉学に励んでいらっしゃるその姿勢にも感銘しております．

2015年

森　真

目　次

第1章

ニュートンの運動方程式と惑星の運動

私たちの接する自然はとても複雑です．中には到底予測のつかない複雑な振る舞いをする現象も少なからず存在します．しかし，どんなに複雑な自然現象でも単純な法則から導かれるに違いないという信仰に近い考え方が自然科学にはあります．現在でも，量子力学や相対性理論を含むすべての物理法則を記述する究極の方程式を求めようと世界中の科学者が切磋琢磨しています．

りんごは手を離せば地上に落ちるが，月は落ちてこないという現象にニュートン (Isaac Newton, 1642–1727) は着目したと言われています．真偽はともかく，ニュートンはこの2つのまったく異なる運動を1つの法則で記述できないかと考えたのでしょう．そして，物事を単純化する道筋として，微小な時間を考えれば，基本原理が導き出せるに違いないと思いついたのではないでしょうか．筆者の勝手な思い込みかもしれませんが，この考え方に沿って，運動方程式を導いてみましょう．

1.1 運動方程式を導こう

まず，1次元の運動を考えましょう．t で時間，$x(t)$ で時刻 t における質点の位置を表しましょう．そのとき，$x(t)-x(s)$ は時刻 s から時刻 t までの間に質点が移動した距離を表します．したがって，

$$\frac{x(t)-x(s)}{t-s}$$

はその間の平均速度になります．

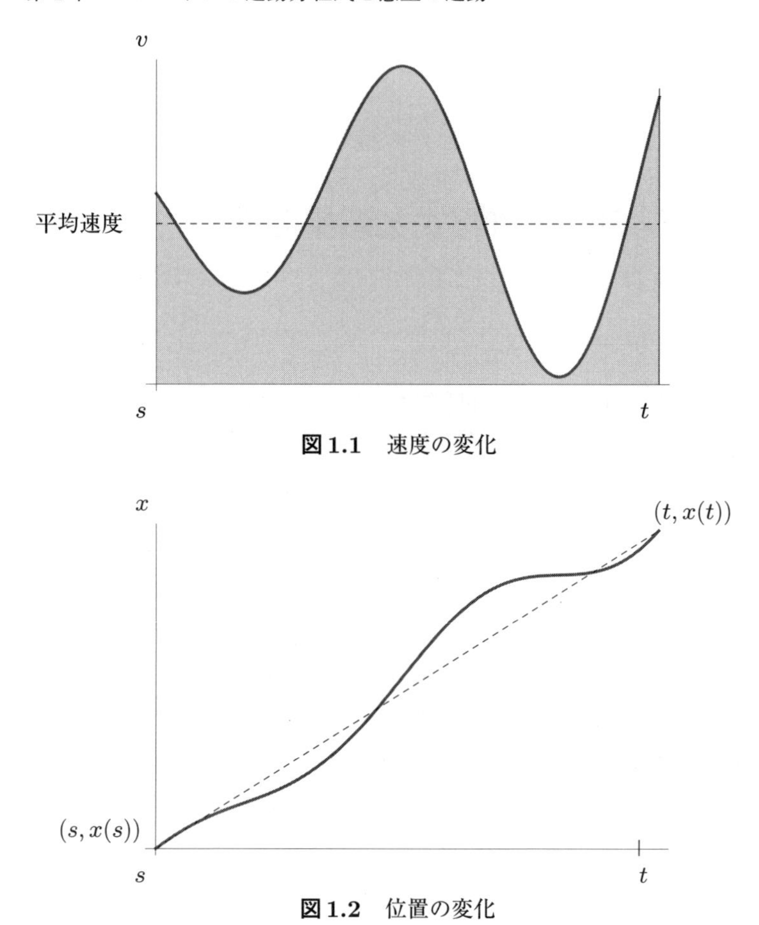

図 1.1　速度の変化

図 1.2　位置の変化

時刻 s から時刻 t までの速度 $v(t)$ の変化を図 1.1 で表すと，実線で表した $v(t)$ と x 軸とで囲われた図形の面積が時刻 s から t の間の移動距離になりますので，それと平均速度を表す点線と x 軸で囲われた長方形の面積が一致します．一方，位置を $x(t)$ で表すと図 1.2 にあるように $(s, x(s))$ と $(t, x(t))$ を結ぶ点線の傾きが平均速度です．数式で表せば

$$\frac{1}{t-s}\int_s^t v(\tau)\,d\tau = \frac{x(t)-x(s)}{t-s}$$

というわけです．

ここで，微小時間を考えようとニュートンは考えたのでしょう．

$$v(t) = \lim_{s \to t} \frac{x(t) - x(s)}{t - s}$$

をもって，時刻 t における速度 $v(t)$ を定義しました[1)]．改めて確認しますが，ある時刻における速度および微分という概念はこの式をもって定義されたわけです．ニュートン以前にも速度という概念はあったでしょうが，それはあくまで平均速度だったということです．高校の数学に戻れば

$$y = x(t)$$

という関数を考えたとき，微分はその傾きですから，速度 $v(t)$ は点 $(t, x(t))$ における曲線 $x(t)$ の傾きになっています．ニュートンの偉いところは，速度を考えただけでなく，さらにその微分を考えたことです．

$$a(t) = v'(t)$$

$a(t)$ は加速度，すなわち速度の変化を表す量です．急激な速度の変化が力をおよぼすことは電車が加速するときには後ろに，ブレーキをかけると前に体がもっていかれることから，私たちも経験によって知っています．ニュートンの時代に電車はなかったでしょうが，質量の重いものほどより力を受けることは，満員電車で人とぶつかったときに感じていることでしょう．彼はこれを

$$F = ma$$

という式にまとめました．F は力，m は質点の質量です．この式に加えて，3つの基本原理をニュートンの運動法則としてまとめました．

1. 等速直線運動
2. 運動方程式 $F = ma$
3. 作用・反作用の法則

1) ニュートンは $\dot{x}$ と表したそうで，現在でも物理では用いられています．x' はラグランジュ，$\frac{dx}{dt}$ はライプニッツによる記法だと聞いています．

これらの詳しい話は物理の本に任せて先へ話を進めましょう．ニュートンはこの3原則から，りんごは落下し，月は落下しないという矛盾を解き明かしたのです．それを振り返ることにしましょう．

すべてのことをニュートン一人で作ったように言われがちですが，微分や積分という概念はほぼ同時期にライプニッツ (Gottfried Wilhelm Leibniz, 1646–1716) も考えていました．ということは，一人の天才によるブレークスルーという側面はもちろんありますが，それと同時に微分という概念が作られる機が熟していたとも言えます．ライプニッツは曲線の傾きとして微分を考え，高校数学でやるように，曲線の極大極小を関数の増減表から導くということを考えだしました．微分の先陣争いはニュートンのイギリスとライプニッツのドイツという国家を巻き込んだ争いになったことは有名です．どの時代にも名誉欲に目がくらんだ人間というものは存在するものです．

さらに，ニュートンが万有引力の法則を見つける前に，ケプラー (Johannes Kepler, 1571–1630) が惑星の運動に関する法則（ケプラーの3法則）

1. 楕円軌道の法則
2. 面積速度一定の法則（一定の時間に通過する扇型の面積は一定である）
3. 調和の法則（公転半径の3乗は周期の2乗に比例する）

を導いていたのはニュートンにとって幸運だったと思います．この3法則を数学的に証明できたことで，ニュートンは自分の導いた式の正しさを確認できたのです．

本論に戻りましょう．ニュートンは万有引力の法則

$$F = G\frac{mM}{r^2}$$

を考えました．ここで，

$$G = 6.67259 \times 10^{-11}\,\mathrm{m^3s^{-2}kg^{-1}}$$

は万有引力定数と呼ばれるもので，m, M は2つの物体それぞれの質量 (kg)，r は質点間の距離 (m) です．

例 1.1（落下の法則） 地球上で，りんごの重さを m，地球の質量を M，地球の半径を r とすると．r は約 6400 km もありますから，地表数メートルの高さであれば，地表から地球の中心までの距離 r と変わらないと考えてよいでしょう．したがって，地球がりんごを引っ張る力（もちろん，りんごが地球を引っ張る力と考えてもよい）は $\frac{GM}{r^2} = g$ とおくと

$$F = mg$$

と表せます．$g = 9.8\,\mathrm{m/s}$ を**重力加速度**と呼びます．このとき，通常の感覚に従い，座標は上に向けてプラスと考えると，重力の方向は負の方向ですからそれも考慮に入れると，運動方程式は

$$-mg = ma$$

となり，さらに速度 $v(t)$ を微分した加速度 $a(t)$ が一定値 g $(a(t) = g)$ であることから，積分をして

$$v(t) = -gt + v(0)$$

となります．ここで $v(0)$ は時刻 0 での質点の速度（初期速度）です．さらに積分をすれば図 1.3 のように放物線

$$x(t) = -\frac{1}{2}gt^2 + v(0)t + x(0)$$

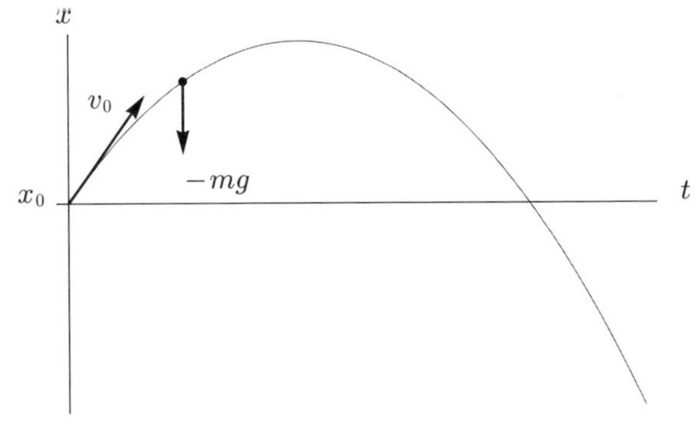

図 1.3　落下の曲線，下向きの力と初期速度

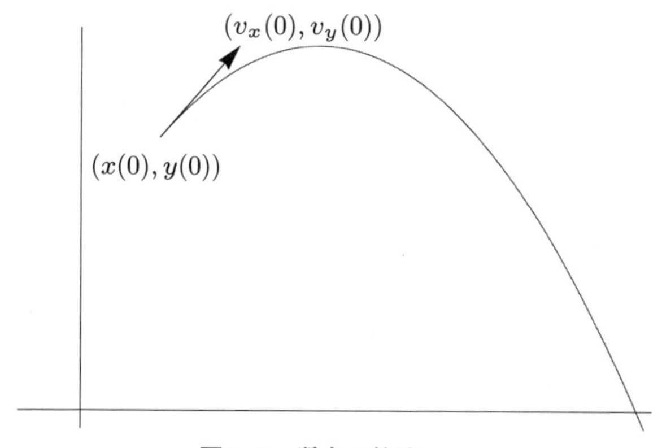

図 1.4　質点の軌跡

となります．$x(0)$ は時刻 0 での質点の位置（初期位置）です．

例 1.2（落下の法則 2）　2 次元で考えましょう．x を水平方向，y を縦軸方向とします．水平方向の速度と加速度を v_x, a_x，垂直方向の速度と加速度を v_y, a_y で表すと，水平方向には力が働かないので $ma_x = 0$ ですから，積分をして，$v_x = v_x(0)$, $x(t) = x(0) + v_x(0)t$ を得ます．縦軸方向は例 1.1 より，今度は縦の方向を y で表したので

$$y(t) = -\frac{1}{2}gt^2 + v_y(0)t + y(0)$$

を得ます．ここで，$(x(0), y(0))$ は初期位置，$(v_x(0), v_y(0))$ は初期速度を表します．両式から，t を消去すると，りんごを初期位置 $(x(0), y(0))$，初期速度 $(v_x(0), v_y(0))$ で投げたときの軌跡が

$$y = -\frac{g}{2(v_x(0))^2}(x - x(0))^2 + \frac{v_y(0)}{v_x(0)}(x - x(0)) + y(0)$$

とよく知られているように放物線になることがわかります．図 1.3 と図 1.4 は同じ図に見えますが，図 1.3 は時間が横軸の図で，私たちには見えません．一方，図 1.4 の放物線は質点が飛んだときに私たちが実際に目にする曲線で，運動の軌跡になり，ベクトル $(v_x(0), v_y(0))$ は点 $(x(0), y(0))$ における接線になっていて，質点の進む方向を表しています．

1.2　月の運動

りんごが地球面に落ちてくることは確かめました．次は月が地球に落ちてこないことを導きましょう．月の軌道が乗っている平面を考えて，その上に地球が中心の極座標を図 1.5 のように考えましょう．時刻 t における月の位置を

$$\begin{pmatrix} x(t) \\ y(t) \end{pmatrix} = r(t) \begin{pmatrix} \cos\theta(t) \\ \sin\theta(t) \end{pmatrix}$$

で表します．この式を微分して，月の速度は

$$\frac{d}{dt}\begin{pmatrix} x(t) \\ y(t) \end{pmatrix} = \frac{dr}{dt}(t) \begin{pmatrix} \cos\theta(t) \\ \sin\theta(t) \end{pmatrix} + r(t)\frac{d\theta}{dt}(t)\begin{pmatrix} -\sin\theta(t) \\ \cos\theta(t) \end{pmatrix}$$

で与えられます．加速度を求めるためにもう一度微分して

$$\begin{aligned}
\frac{d^2}{dt^2}\begin{pmatrix} x(t) \\ y(t) \end{pmatrix} &= \frac{d^2r}{dt^2}(t) \begin{pmatrix} \cos\theta(t) \\ \sin\theta(t) \end{pmatrix} + 2\frac{dr}{dt}(t)\frac{d\theta}{dt}(t)\begin{pmatrix} -\sin\theta(t) \\ \cos\theta(t) \end{pmatrix} \\
&\quad + r(t)\frac{d^2\theta}{dt^2}(t)\begin{pmatrix} -\sin\theta(t) \\ \cos\theta(t) \end{pmatrix} - r(t)\left(\frac{d\theta}{dt}(t)\right)^2\begin{pmatrix} \cos\theta(t) \\ \sin\theta(t) \end{pmatrix} \\
&= \left(\frac{d^2r}{dt^2}(t) - r(t)\left(\frac{d\theta}{dt}(t)\right)^2\right)\begin{pmatrix} \cos\theta(t) \\ \sin\theta(t) \end{pmatrix}
\end{aligned}$$

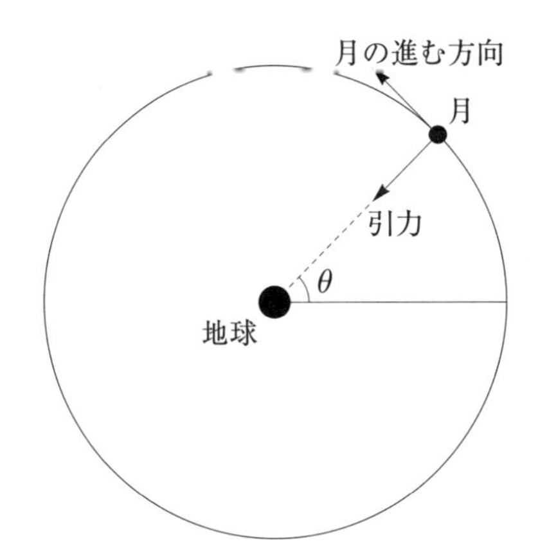

図 1.5　月の軌跡

$$+\left(2\frac{dr}{dt}(t)\frac{d\theta}{dt}(t)+r(t)\frac{d^2\theta}{dt^2}(t)\right)\begin{pmatrix}-\sin\theta(t)\\ \cos\theta(t)\end{pmatrix}$$

を得ます．月と地球の間の万有引力 $G\frac{mM}{r^2}$ は月と地球を結ぶ方向で $-\begin{pmatrix}\cos\theta(t)\\ \sin\theta(t)\end{pmatrix}$ と月から地球に向かって働きます．一方，$\begin{pmatrix}\cos\theta(t)\\ \sin\theta(t)\end{pmatrix}$ と $\begin{pmatrix}-\sin\theta(t)\\ \cos\theta(t)\end{pmatrix}$ が直交することから，$\begin{pmatrix}-\sin\theta(t)\\ \cos\theta(t)\end{pmatrix}$ は月の進行方向であり，その方向に力は働いていません．したがって，ニュートンの第2法則により

$$\frac{d^2r}{dt^2}(t)-r(t)\left(\frac{d\theta}{dt}(t)\right)^2=-G\frac{M}{r(t)^2} \tag{1.1}$$

$$2\frac{dr}{dt}(t)\frac{d\theta}{dt}(t)+r(t)\frac{d^2\theta}{dt^2}(t)=0 \tag{1.2}$$

と表せます．式 (1.2) は

$$\frac{d}{dt}\left(r(t)^2\frac{d\theta}{dt}(t)\right)=0 \tag{1.3}$$

とまとめることができます．$(r(t),\theta(t))$ と $(r(t+\Delta),\theta(t+\Delta))$ と原点の作る扇型の面積は，θ が0に近いと $\frac{\sin\theta}{\theta}$ は1に近いことから

$$\begin{aligned}
&\frac{1}{2}r(t+\Delta)r(t)\sin\bigl(\theta(t+\Delta)-\theta(t)\bigr)\\
&\quad=\frac{1}{2}r(t+\Delta)r(t)\frac{\sin\bigl(\theta(t+\Delta)-\theta(t)\bigr)}{\theta(t+\Delta)-\theta(t)}(\theta(t+\Delta)-\theta(t))\\
&\quad\approx\frac{1}{2}r(t)^2(\theta(t+\Delta)-\theta(t))+\frac{1}{2}(r(t+\Delta)-r(t))(\theta(t+\Delta)-\theta(t))\\
&\quad\approx\frac{1}{2}r(t)^2\frac{d\theta}{dt}(t)\Delta
\end{aligned}$$

にほぼ等しく，半径 r，角 θ の扇型の面積は $\frac{1}{2}r^2\theta$ ですから，これは微小時間 Δ の間に月が移動する面積なので，Δ で割って，$\Delta\to 0$ ととれば，面積の増減に関する微分が $\frac{1}{2}r(t)^2\frac{d\theta}{dt}(t)$ に等しくなります．このことは時間あたりに月が移動する面積が一定であることを式 (1.3) が表していること，すなわち，ある定数 h により

$$r(t)^2 \frac{d\theta}{dt}(t) = h$$

と表せることがわかります．これがケプラーの第2法則です．

$p = \frac{1}{r}$ と置き換え，$r^2 \frac{d\theta}{dt} = h$，すなわち，$\frac{dt}{d\theta} = \frac{r^2}{h}$ に注意すると

$$\begin{aligned} \frac{dp}{d\theta} &= -\frac{1}{r^2}\frac{dr}{d\theta} = -\frac{1}{r^2}\frac{dr}{dt}\frac{dt}{d\theta} = -\frac{1}{h}\frac{dr}{dt} \\ \frac{d^2p}{d\theta^2} &= -\frac{1}{h}\frac{d^2r}{dt^2}\frac{dt}{d\theta} = -\frac{d^2r}{dt^2}\frac{1}{h^2p^2} \end{aligned}$$

を得ます．これを式 (1.1) に代入すると，

$$-h^2p^2\frac{d^2p}{d\theta^2} - \frac{1}{p}(hp^2)^2 = -GMp^2$$

となり，比較的簡単な非斉次の線形微分方程式

$$\frac{d^2p}{d\theta^2} + p = \frac{GM}{h^2}$$

を得ます．この解（特解）の1つは

$$p = \frac{GM}{h^2}$$

であることは代入すれば容易にわかります．対応する斉次形の微分方程式

$$\frac{d^2p}{d\theta^2} + p = 0$$

の解は，$\theta = 0$ のとき $p = 0$ となるように角度を定めれば

$$p = A\cos\theta$$

と表されるので，2つをあわせて

$$p = \frac{GM}{h^2} + A\cos\theta$$

が解となります．解を求めることを急ぐあまり，あまりにお仕着せの式変形が続きましたが，この微分方程式の解き方の詳細は4.4節にあります．まとめ

ると

$$r = \frac{h^2/(GM)}{1 + Ah^2/(GM)\cos\theta}$$

となります．$Ah^2/(GM) = e$ とおけば，これは離心率 e の2次曲線

$$r = \frac{e/A}{1 + e\cos\theta}$$

を表しています．したがって，万有引力による運動方程式の解は2次曲線になる，すなわち，$e < 1$ ならば楕円，$e = 1$ ならば放物線，$e > 1$ ならば双曲線になることになりますが，惑星は周期軌道ですので，楕円になることがわかります．これがケプラーの第1法則です．高校で習った形にしたければ $r = \sqrt{x^2 + y^2}$, $x = r\cos\theta$, $y = r\sin\theta$ とおいて，上の式を考えると

- $e = 1$ のとき，

$$x = -\frac{A}{2}y^2 + \frac{1}{2A}$$

- $e > 1$ のとき，$a = \frac{e}{A(1-e^2)}$, $b = \frac{e}{A\sqrt{e^2-1}}$ とおいて

$$\frac{(x + e^2/A(1-e^2))^2}{a^2} - \frac{y^2}{b^2} = 1$$

- $e < 1$ のとき，$a = \frac{e}{A(1-e^2)}$, $b = \frac{e}{A\sqrt{1-e^2}}$ とおいて

$$\frac{(x + e^2/A(1-e^2))^2}{a^2} + \frac{y^2}{b^2} = 1$$

と表すこともできます．

さらに，実際の惑星では離心率は表1.1 (p.16) にあるように，ほぼ $e = 0$ とみなしてよいので $A = 0$，すなわち，$r = h^2/(GM)$ となります．これを面積速度一定の法則 $r^2\frac{d\theta}{dt} = h$ に代入すると

$$\frac{d\theta}{dt} = \frac{h}{r^2} = \frac{(GM)^{1/2}}{r^{3/2}}$$

を得ます．両辺を1周期積分すると回転の角度は 2π になるので，周期を T とすると

$$2\pi = \int_0^T \frac{d\theta}{dt}\,dt = \frac{(GM)^{1/2}}{r^{3/2}} T$$

をみたします．すなわち

$$(2\pi)^2 r^3 = GMT^2$$

とケプラーの第3法則が得られます．

こうして，壮大な理論がたった3つの原理（ニュートンの運動の法則）と1つの法則（万有引力の法則）からすべて導き出されました．しかし，マクスウェルの電磁気学から真空中の光の速度が導き出されることの矛盾を解決したアインシュタインの相対性理論に，このニュートンの運動法則さえも飲みこまれていきます．そこには私たちの空間は3次元であるという固定観念を打ち払う新しい発想が組み込まれています．さらに量子力学の誕生は私たちの生きている空間が非常に抽象的な空間であることを示しています．こうして，単に閉塞した数学の世界にのみ留まっていると思われた抽象的な発想こそ自然科学の研究に欠かせないものであることがわかってきます．

例 1.3（遠心力） 月が地球から離れず円運動を行っているのは月が飛び出そうとする力を地球の引力で引き止めているからです．月が飛び出そうとする力を**遠心力**と言います．要するに，引力と逆向きの力です．速度 v で半径 r の円の上を回転する場合を考えましょう．同じ速度で移動しているのですから，力が働いていないように見えますが，方向を変える力が働いていることになります．中心からの極座標を用い，角速度を ω とすると

$$\boldsymbol{x} = r \begin{pmatrix} \cos \omega t \\ \sin \omega t \end{pmatrix}$$

と表せるので，これを微分して，速度は

$$\boldsymbol{v} = r\omega \begin{pmatrix} -\sin \omega t \\ \cos \omega t \end{pmatrix}$$

すなわち，速度の大きさ v は $r\omega$ に等しくなります．運動方程式 $F = ma$ より，速度を微分して，加速度を求めれば，力は

$$mr\omega^2 \begin{pmatrix} \cos\omega t \\ \sin\omega t \end{pmatrix} \tag{1.4}$$

となり，その大きさは $v = r\omega$ より

$$mr\omega^2 = \frac{mv^2}{r}$$

になります．これが速度 v で半径 r の円の上を回る遠心力になります．

1.3　天動説と地動説，物の見方

ニュートンによって否定されてしまった天動説はローマ人のプトレマイオス (Claudius Ptolemaeus, 83?–168?) により始まると言われ，ご存知のように地球を中心に太陽を含めすべての惑星や恒星が回っているというものです．恒星は東の空から出て西の空へ24時間で1周しますから，1時間に15度の同じ速度で回っています．しかし，惑星（古くは遊星とも言いました）はときどき西から東へと逆行することがあります．占星術では悪いことが起きる予兆として

図1.6　星の運動（©国立天文台）

いるようです．素朴な天動説（図 1.7）では，惑星の逆行がうまく説明できないので，地球を中心とする従円があり，従円の点を中心とする周転円の上に惑星が乗っているというという変更を加えた理論が考えられました (図 1.8)．天体の動きは綿密な観測のもとに膨大なデータの積み重ねがあり，これを説明するために，周転円の上にさらに周転円を積み上げる必要が出てきて，理論はどんどん複雑さを増していったことは想像に難くありません．

ところで 16 世紀まで暦はユリウス歴が使われていました．ユリウス歴はユリウス・カエサル（ジュリアス・シーザー，Galus Iulius Cæsar, 紀元前 100–紀元前 44）によって，定められたと言われ，それにアウグストスが訂正（例えば，カエサルと自分の名前の July と August）を加えたもので，1 年を 365 日，4 年に 1 度閏年をもうけるという考え方で，1 年は 365.25 日とするものです．現在でもこのユリウス歴が使われていると誤解していませんか．

科学の暗黒期であった中世には暦に注意を払う人も少なかったのでしょう．しかし，14 世紀に始まるルネサンスで，科学が急速に進歩したことで，16 世

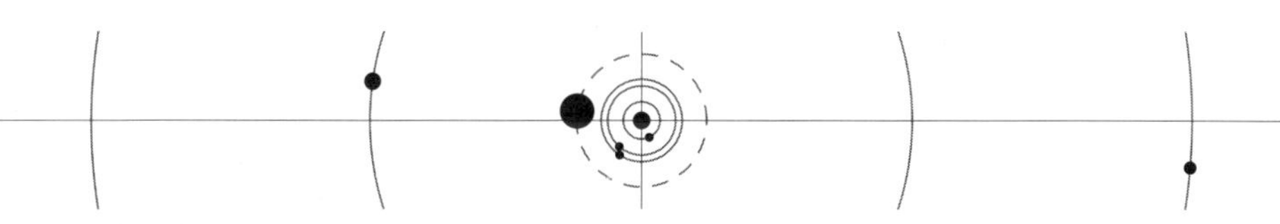

図 1.7 素朴な天動説，中心が地球，点線上に太陽，太陽の内側に金星，火星，水星，外側に木星，土星

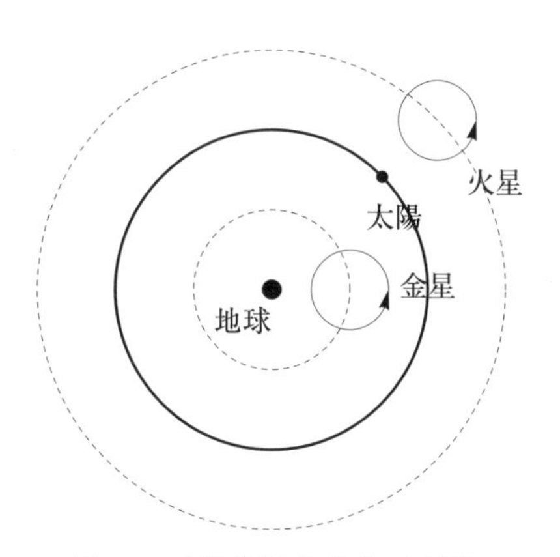

図 1.8 周転円を加えた天動説

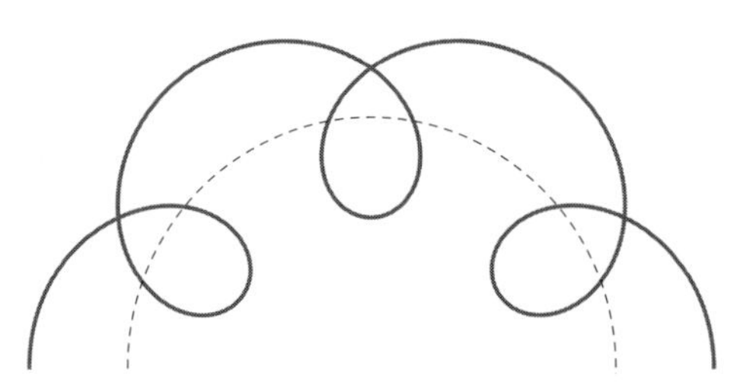

図 1.9　惑星の運動，逆行が説明できる

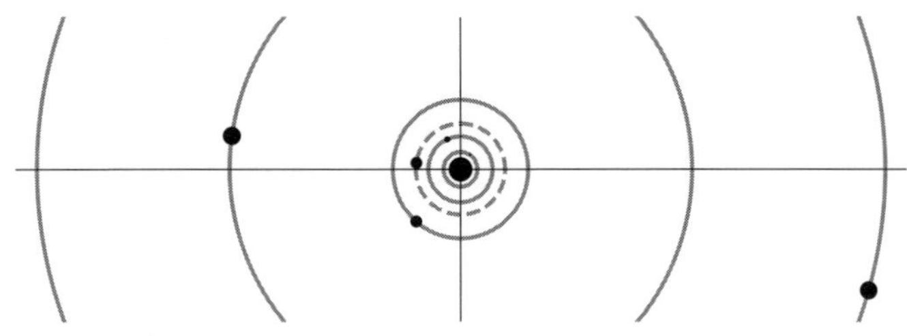

図 1.10　地動説の軌道，中心が太陽，内側から水星，金星，地球（点線），火星，木星，土星

紀になったときに実際の春分と暦の上の春分とは10日余りの誤差があることに気がつきました．この誤差を訂正するため，多くの英知が集められ暦の訂正が行われたのです．この中にコペルニクス (Nicolaus Copernicus, 1473–1543) がいました．こうして作られたのがグレゴリオ暦です．グレゴリオ暦は100年に1度は閏年をやめるけれど，全部やめるわけではなく400年に1度は閏年を行うというもので，これで1年は365.2425日になり，実際の1年の365.2422日に限りなく近づきました．実際に，3000年に1日の誤差しかなく，これぐらいになれば地球の自転の変化などの方が大きくなりそうです．そして，この暦は1582年に発表されました．カトリックの指示に従うのを快く思わないプロテスタントの国では適用がかなり遅れたようで，イギリスでは1752年，日本では1873年，さらに東方教会では1923年に採用されました．ということは，2000年は閏年だったのですが，これは1600年が閏年だったのに継ぐ2回目の400年ルールの適用，国によっては初めての適用だったのです．しかし，気がつく人はほとんどないままに過ぎてしまいました．

コペルニクスはおそらくこの研究の中で，地動説を発見したものと思われます．では，なぜこの地動説が受け入れられなかったのでしょうか．ここで，ガリレオ (Galileo Galilei, 1564–1642) の宗教裁判を思い浮かべる方も多いかもしれません．しかし，コペルニクスは司祭，つまり教会側の人間なのです．だから，宗教的な理由だというのは，後世の解釈なのかもしれません．ガリレオの裁判にしても権力争いの結果であるという解釈もあるそうです．

理由はもっと単純なのではないでしょうか．なんと地動説の方が誤差が大きかったのです．コペルニクスはその誤差を訂正するために，天動説の周転円を採り入れましたが，その結果，必要な周転円の数は天動説よりも多くなってしまったという笑えない話なのだそうです．これを訂正した功績はケプラーにあります．しかし，彼も師であるチコ・ブラーエ (Tycho Brahe, 1546–1601) の膨大な観測データなしには理論を作ることができなかったでしょう．チコ・ブラーエの観測というのも気が遠くなるような話で，望遠鏡ができたのが1600年ごろと言われていますから，チコ・ブラーエが観測をした16世紀後半にはまだなく，小学校や中学校で用いる半円分度器のお化けみたいな道具を使って何年もデータを集めたそうです．そのデータの正しさを疑うこともなく，ケプラーは1.1節に述べた3つの法則を導いたというわけです．火星をもとにした

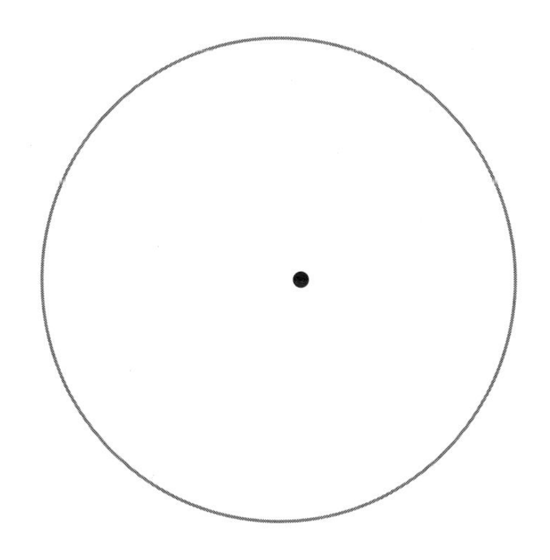

図 1.11 火星の離心率 0.0934 の楕円，焦点の 1 つに太陽を置いた．太陽を隠すと円にしか見えない．

表 1.1　惑星の離心率と公転半径

惑星	離心率	公転半径 10^9 km
水星	0.2056	0.057
金星	0.0068	0.108
地球	0.0167	0.150
火星	0.0934	0.228
木星	0.0484	0.778
土星	0.0542	1.427
天王星	0.0461	2.871
海王星	0.0085	4.498
冥王星	0.2488	5.914

のは，地球に近い惑星の中でもっとも離心率が大きく，円からずれていることだったのですが，それだって，表 1.1 にあるようにたった 0.093 です．図 1.11 は離心率 0.093 で描いた楕円で，焦点の１つに太陽を描いたので円でないことがわかるでしょうが，太陽を隠してしまうと円にしか見えません．観測誤差だと思う方が自然だったはずです．それにしても昔の人は忍耐強かったと感服する次第です．ともかく，惑星の軌道が楕円であることが証明されたので，それに基づいて，暦を計算し直した結果，コペルニクスの地動説の誤差の理由が解明され，その正しさが広く信頼されるようになったのです．この時代の話は真偽はともかく，ジョショア・ギルダー，アン - リー・ギルダー著『ケプラー疑惑　ティコ・ブラーエの死の謎と盗まれた観測記録』（地人書館）に面白おかしく小説として描かれています．

でも，本当に地動説は正しく，天動説は誤っているのでしょうか．回転運動をするには，中心に引っ張る力をもたらす質点がなければならないので，周転円はおかしい，というのはニュートン力学の発想でしょう．それに捕らわれなければ，これは座標軸のとり方の問題と言えるのではないでしょうか．例えば，惑星の運動を考えるには，もっとも重量のある太陽の重心を原点と考えると物理法則が簡単な形で記述できるというのが正しい答えだと思います．周転円の発想も，複雑な運動もさまざまな周期軌道の組み合わせで得られるという現代のデジタル技術につながるフーリエ変換（2.5.1 項参照）の発想だということもできるのではないでしょうか．

1.4 地球表面での運動

物理法則は自然な座標系をとることによってより簡潔な形で表現されるということを天動説と地動説のところで触れました．その観点から見ると，地球上の運動は地球の中心を原点としてみるのがもっとも自然であるはずです．しかし，それでは私たちの見ている世界を記述するには不便になります．

19 世紀の大航海時代に，母国において正しくあわせたはずの大砲が，母国を遠く離れるとなぜか照準通りに当たらないという現象が発見され，それがコリオリの力 (Gaspard-Gustave Coriolis, 1792–1843) の発見になったというのが通説です．地球の中心を原点として運動方程式を考えれば，打ち出し速度に加えて地球の自転の速度を初速度とした自然な楕円軌道を大砲の弾は描いているのですが，地球の表面に固定した座標系を用いると，自転に伴う不自然な力を導入する必要が出てきてしまいます．大砲の砲弾は地球の遠心力を受けて飛ぶために緯度が異なる地点では照準が狂ってしまうというのがその理由だというわけです．

しかし，このコリオリの力はとても弱いものですから，昔の大砲程度の精度ではわかるはずはなさそうです．それと同様に，流しに流れ込むときにできる渦が北半球と南半球では反対向きであると言って，赤道上でお金をとって実験をしている映像を見たことがありますが，あれはいんちきだと思われます．実際，自宅の流しを見ていれば，ちょっとした加減でどちら側にも渦を巻くのを見ることができるはずです．しかし，同じ渦でも地球規模の高気圧や低気圧，そして台風などはその力を受けて，北半球と南半球では反対の渦を巻いています．また，現代のミサイルではおそらく，この補正を行わないと標的がずれるほどの精度をもっていることでしょうが，場所による重力加速度の違いとかにも気を遣う必要があるように思えます．ともあれ，この現象を座標の変換を用いて説明してみましょう．

1.4.1 コリオリの力

図 1.12 のように，地球の中心を原点，北極と中心を結ぶ軸を z 軸の正の方向，赤道面に x 軸と y 軸を固定した 3 次元の空間の座標系を $\boldsymbol{x} = (x, y, z)$ で表しましょう．この軸は地球の自転とは関係なく，止まっているものとします．

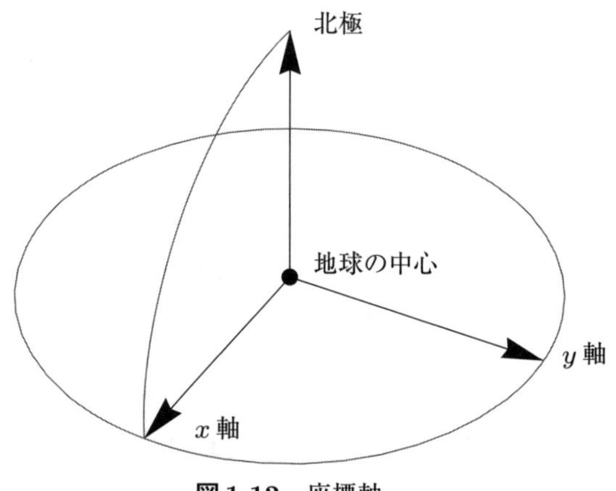

図 1.12　座標軸

質量 m の質点が運動方程式

$$\boldsymbol{F} = m\frac{d^2}{dt^2}\boldsymbol{x}$$

をみたして運動しているとしましょう.

$$\boldsymbol{F} = \begin{pmatrix} F_x \\ F_y \\ F_z \end{pmatrix}$$

は点 $\boldsymbol{x}$ に働く力です.

ここで, z 軸の周りに角速度 ω で回転している別の座標系から, この運動を見てみましょう (図 1.13). この座標軸は私たちの住むところを通る緯線と赤道の交わる方向に x 軸をとって, 地球の自転とともに回る座標軸とします. 地球は 1 日で 1 回転ですから, 角速度は $\frac{2\pi}{24\times3600}$ になります. もとの座標系において xy 平面を角速度 ω で運動している質点は新しい座標系では静止しているように見えるのですから, 新しい座標系での座標を $\boldsymbol{x}_1 = (x_1, y_1, z_1)$ で表せば, 2 つの座標の間には

$$T = \begin{pmatrix} \cos\omega t & \sin\omega t & 0 \\ -\sin\omega t & \cos\omega t & 0 \\ 0 & 0 & 1 \end{pmatrix}$$

とおいて

$$\boldsymbol{x}_1 = T\boldsymbol{x}$$

という関係があるはずです．力も同様に

$$\boldsymbol{F}_1 = T\boldsymbol{F}$$

をみたしています．したがって，微分をしてみれば

$$\begin{aligned}
m\frac{d^2}{dt^2}\boldsymbol{x}_1 &= m\frac{d^2}{dt^2}(T\boldsymbol{x}) = m\frac{d}{dt}\left(\frac{dT}{dt}\boldsymbol{x} + T\frac{d}{dt}\boldsymbol{x}\right) \\
&= m\frac{d^2T}{dt^2}\boldsymbol{x} + 2m\frac{dT}{dt}\frac{d}{dt}\boldsymbol{x} + mT\frac{d^2}{dt^2}\boldsymbol{x} \\
&= m\frac{d^2T}{dt^2}(T^{-1}\boldsymbol{x}_1) + 2m\frac{dT}{dt}\frac{d}{dt}(T^{-1}\boldsymbol{x}_1) + T\boldsymbol{F} \\
&= m\frac{d^2T}{dt^2}(T^{-1}\boldsymbol{x}_1) + 2m\frac{dT}{dt}\frac{dT^{-1}}{dt}\boldsymbol{x}_1 + 2m\frac{dT}{dt}T^{-1}\frac{d}{dt}\boldsymbol{x}_1 + T\circ T^{-1}\boldsymbol{F}_1
\end{aligned}$$

を得ます．これに行列に書き換えれば

$$m\frac{d^2}{dt^2}\boldsymbol{x}_1 = -m\omega^2\begin{pmatrix} \cos\omega t & \sin\omega t & 0 \\ -\sin\omega t & \cos\omega t & 0 \\ 0 & 0 & 0 \end{pmatrix} T^{-1}\boldsymbol{x}_1$$

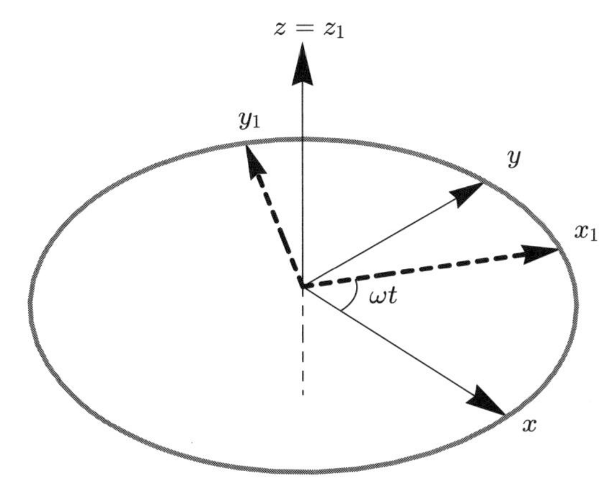

図 1.13　回転する座標系

$$
+2m\omega^2 \begin{pmatrix} -\sin\omega t & \cos\omega t & 0 \\ -\cos\omega t & -\sin\omega t & 0 \\ 0 & 0 & 0 \end{pmatrix} \begin{pmatrix} -\sin\omega t & -\cos\omega t & 0 \\ \cos\omega t & -\sin\omega t & 0 \\ 0 & 0 & 0 \end{pmatrix} \boldsymbol{x}_1
$$

$$
+2m\omega \begin{pmatrix} -\sin\omega t & \cos\omega t & 0 \\ -\cos\omega t & -\sin\omega t & 0 \\ 0 & 0 & 0 \end{pmatrix} \begin{pmatrix} \cos\omega t & -\sin\omega t & 0 \\ \sin\omega t & \cos\omega t & 0 \\ 0 & 0 & 1 \end{pmatrix} \frac{d}{dt}\boldsymbol{x}_1
$$

$$
+\boldsymbol{F}_1
$$

$$
= -m\omega^2 \begin{pmatrix} x_1 \\ y_1 \\ 0 \end{pmatrix} + 2m\omega^2 \begin{pmatrix} x_1 \\ y_1 \\ 0 \end{pmatrix} + 2m\omega \begin{pmatrix} 0 & 1 & 0 \\ -1 & 0 & 0 \\ 0 & 0 & 0 \end{pmatrix} \frac{d}{dt}\boldsymbol{x}_1 + \boldsymbol{F}_1
$$

$$
= m\omega^2 \begin{pmatrix} x_1 \\ y_1 \\ 0 \end{pmatrix} + 2m\omega \begin{pmatrix} dy_1/dt \\ -dx_1/dt \\ 0 \end{pmatrix} + \boldsymbol{F}_1
$$

となり，上の式から座標変換された力以外に形式的に2つの力が加わっていることがわかります．1つは遠心力

$$
m\omega^2 \begin{pmatrix} x_1 \\ y_1 \\ 0 \end{pmatrix}
$$

です（式(1.4)参照）．これは実際には止まっていても，座標が回転することにより加わっている力です．もう1つは速度に依存する力で

$$
2m\omega \begin{pmatrix} dy_1/dt \\ -dx_1/dt \\ 0 \end{pmatrix}
$$

と表せ，これを**コリオリの力**と呼びます．

これで北極点から地球を見下ろしているとみて，地球と一緒に回転している座標軸を考えてみると，例えば x_1 軸方向に移動していれば，y_1 軸方向に $-\frac{dx_1}{dt}$ の力を受けます．したがって，右側に曲がっていくことがわかります．

コリオリの力が遠心力と等しくなるには速度がどれくらいになるか計算してみましょう．角速度は1日で1周ですから

$$\omega = \frac{2\pi}{24 \times 3600}$$

なので，

$$2m\omega \begin{pmatrix} dy_1/dt \\ -dx_1/dt \\ 0 \end{pmatrix} = m\omega^2 \begin{pmatrix} x_1 \\ y_1 \\ 0 \end{pmatrix}$$

となる速度 v は z 軸からの距離を考えて，東京は北緯35度とすると，地球の半径 $40{,}000{,}000/2\pi \approx 6{,}366{,}200\,\mathrm{m}$ を用いて

$$v = \frac{1}{2} \times \frac{2\pi}{24 \times 3{,}600} \times 6{,}366{,}200 \times \sin 35^\circ \approx 132.8\,\mathrm{m/s}$$

ととんでもなく速い速度になります．砲弾ならともかく，とても流れる水におよぼす力にはなりえませんね．

私たちは地球の表面にくっついて生活をしています．今までの座標系ではわかりにくいので，地表面にくっついて南側に x_2 軸，東側に y_2 軸，地面に垂直な方向に z_2 軸をとることにしましょう．新しい座標系にするには図 1.14 のように (x_1, z_1) 平面において私たちのいる緯度を θ とすると，$\frac{\pi}{2} - \theta$ だけ右回り

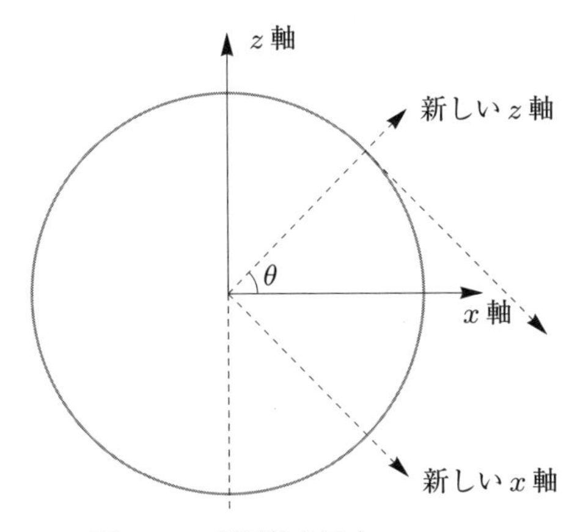

図 1.14　座標軸を回す

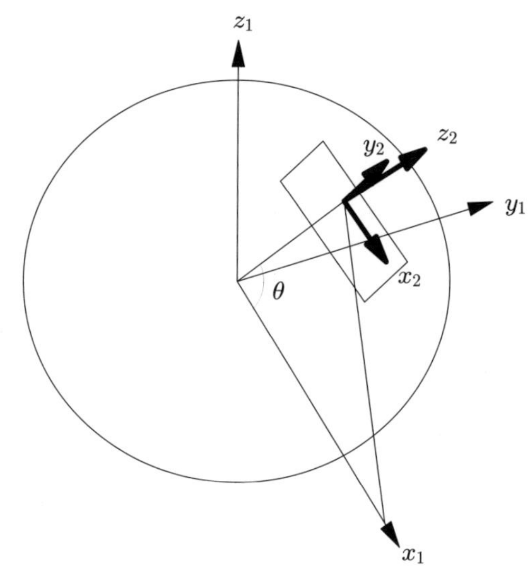

図 1.15　地表面の座標

に回します．座標変換の行列は

$$S=\begin{pmatrix}\cos(\frac{\pi}{2}-\theta) & 0 & -\sin(\frac{\pi}{2}-\theta)\\ 0 & 1 & 0\\ \sin(\frac{\pi}{2}-\theta) & 0 & \cos(\frac{\pi}{2}-\theta)\end{pmatrix}=\begin{pmatrix}\sin\theta & 0 & -\cos\theta\\ 0 & 1 & 0\\ \cos\theta & 0 & \sin\theta\end{pmatrix}$$

で与えられます（図 1.15）．したがって

$$\boldsymbol{x}_2=\begin{pmatrix}x_2\\ y_2\\ z_2\end{pmatrix}=S\begin{pmatrix}x_1\\ y_1\\ z_1\end{pmatrix}=S\boldsymbol{x}_1, \qquad \boldsymbol{F}_2=S\boldsymbol{F}_1$$

をみたします．これを運動方程式に入れてみましょう．

$$\begin{aligned}m\frac{d^2}{dt^2}\boldsymbol{x}_2&=Sm\frac{d^2}{dt^2}\boldsymbol{x}_1\\ &=S\left[\boldsymbol{F}_1+m\omega^2\begin{pmatrix}1&0&0\\0&1&0\\0&0&0\end{pmatrix}\boldsymbol{x}_1+2m\omega\begin{pmatrix}0&1&0\\-1&0&0\\0&0&0\end{pmatrix}\frac{d}{dt}\boldsymbol{x}_1\right]\end{aligned}$$

図 1.16　低気圧の風の向き（画像提供：日本気象協会 tenki.jp[2]）

$$
\begin{aligned}
&= \boldsymbol{F}_2 + m\omega^2 S \begin{pmatrix} 1 & 0 & 0 \\ 0 & 1 & 0 \\ 0 & 0 & 0 \end{pmatrix} S^{-1}\boldsymbol{x}_2 + 2m\omega S \begin{pmatrix} 0 & 1 & 0 \\ -1 & 0 & 0 \\ 0 & 0 & 0 \end{pmatrix} S^{-1}\frac{d}{dt}\boldsymbol{x}_2 \\
&= \boldsymbol{F}_2 + m\omega^2 \begin{pmatrix} \sin^2\theta & 0 & \cos\theta\sin\theta \\ 0 & 1 & 0 \\ \cos\theta\sin\theta & 0 & \cos^2\theta \end{pmatrix} \boldsymbol{x}_2 \\
&\quad + 2m\omega \begin{pmatrix} 0 & \sin\theta & 0 \\ -\sin\theta & 0 & -\cos\theta \\ 0 & \cos\theta & 0 \end{pmatrix} \frac{d}{dt}\boldsymbol{x}_2
\end{aligned}
$$

であることがわかります．これで，東側に向かって移動する（$\frac{dy_2}{dt} > 0$）ならば，x_2 軸の正の方向，すなわち南側にずれ，さらに上方向にずれることがわかります．逆に西側に向かって移動すると，北側にずれて，さらに下向きにずれることがわかりました．すなわち，北半球では進行方向の右側にずれることになります．さらに地面に平行に進んでいるとき（$\frac{dz_2}{dt} = 0$）には，θ が大きいほど右

---

[2] 日本気象協会の天気予報専門サイト tenki.jp (http://www.tenki.jp/) では生活にかかせない天気予報に加え，専門的な気象情報，地震・津波などの防災情報も確認できます．

に曲がる力は大きくなります．南半球ならば，$\theta < 0$になるので左側に曲がっていくこともわかります．

この力によって，北半球と南半球では風の向きが変わります．気圧に差があれば，気圧の高いところから低いところへ力（気圧傾度力）が働きます（図1.16）．その力によって，気圧の高いところから低いところへ傾度風と呼ばれる風が吹きますが，この風に対してコリオリの力が働き，北半球なら右へ右へと曲がります．この力は傾度力が大きいほど強くなり，等高線に接する方向になったところで傾度力とコリオリの力が釣り合います．低気圧では内側に向かって傾度力が働くので，内側に向かって風が吹き込みますが，これにコリオリの力が働き，北半球では風を右に曲げる力が働くので，低気圧では反時計回りに風が吹くことになります（図1.16）．これに対し，高気圧では外側に向かって傾度力が働くので，高気圧では時計回りに風が吹くことになります．偏西風なども，太陽によって赤道近辺が極点よりも暖められることで生じる風が，コリオリの力を受けることによって生じるのだという説明がなされているようです．

1.4.2　フーコーの振り子

フーコー (Michel Foucault, 1818–1868) は1851年にパリのパンテオン宮殿で長さ67 m，重さ27 kg（28 kgという説もある）の振り子を作りました．これが振れながら回転していくことから，地球の自転を証明したのです．この回転はコリオリの力によって説明できるのです．

振り子が振れれば，振れる方向に対して北半球ならば右方向へと曲げる力がコリオリの力によって生じます．これによって，振り子は同じ平面の上を振れることができなくて，その平面は右へ右へと回っていくことになります．この力は北極点ないし南極点で最大で赤道の上で0となります．両極点では1日に1回転することがわかります．このことは，地球の外から振り子を見るつもりになれば明らかですね．赤道の上では振り子は回転することなく振れることになります．

第2章

自然から微分方程式を導こう

自然は複雑な動きをして，その挙動を数式で表すのは困難に見える現象も少なくありません．とはいうものの，自然の法則は単純な原理から導かれるに違いないという発想に基づき，微小な時間の運動を考えてみると，単純な法則を見いだせるはずです．いくつかの例をその発想に従ってみていきましょう．詳しい解法は第3章や第4章で学びます．

2.1　社会科学と微分方程式

微分方程式を社会学に適用したモデルとして，マルサスの微分方程式から始めましょう．

2.1.1　マルサスの人口論

微分方程式が世の中に認められた1つの契機になったのはマルサスの人口論ではないかと思います．マルサス (Thomas Robert Malthus, 1766–1834) は1798年に『人口論』という本を著しました．その中で，人口が指数的に増加することを証明するのに，彼は微分方程式を用いました．

人口を N とすると，これは時間の関数であり，人口の増加の割合は現在の人口に比例するとみなしてよいでしょう．人口は整数値しかとらない離散量ですが，十分に大きいので，連続量とみなしましょう．そうすると，人口の増加を表す微分方程式は

$$\frac{dN}{dt} = aN$$

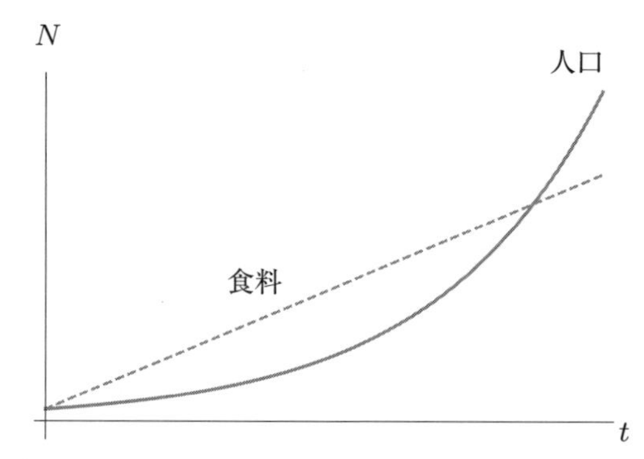

図 2.1　人口（マルサスの方程式の解）は食料生産量（直線）を上回ってしまう

と考えてよいでしょう．より正確に言うならば，死亡する人数も人口に比例することから，a は出生率マイナス死亡率です．この方程式の解は

$$\frac{1}{N}dN = a\,dt$$

と変数分離形（4.1 節参照）になって，両辺を積分すれば

$$\log N(t) = at + C$$

となります．ここで，C は積分定数です．このことから，初期値として時刻 0 での人数 N_0 を考慮すると

$$N(t) = N_0 e^{at}$$

となり，確かに人口が指数関数的に増加することがわかりました．

これで「食料は算術級数的に増加することしかできないが，人口は指数関数的（幾何級数的）に増加するので，いずれ人類は飢えに苦しむ」という結論を得ました（図 2.1）．この結論では困るし，実態に即していないのではないかということで，（本末転倒な気がしますが）微分方程式にいろいろな改良が行われました．例えば，人口が増加すると，出生率はブレーキがかかるという考えを入れて，**ロジスティック方程式**

$$\frac{dN}{dt} = aN(b - N)$$

などが考えられました．この方程式も

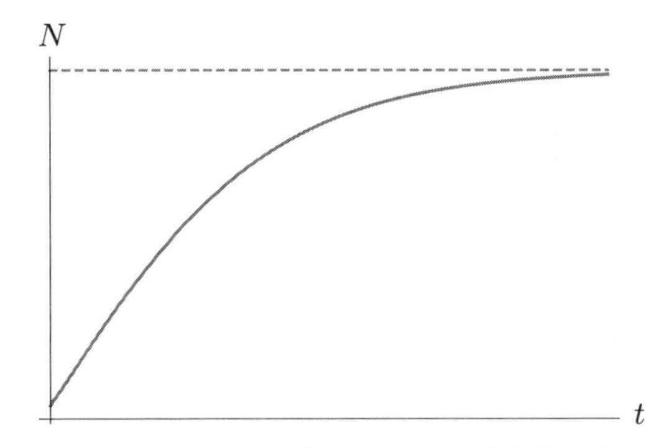

図 2.2　ロジステック方程式の解．人口は頭打ちになる

$$\frac{1}{N(b-N)}dN = a\,dt$$

と変数分離形なので

$$\left(\frac{1}{N}+\frac{1}{b-N}\right)dN = ab\,dt$$

を積分して

$$\log N - \log(b-N) = abt + C.$$

したがって，再び初期値として時刻 0 での人数 N_0 を考慮すると

$$N(t) = \frac{b}{1+(b/N_0-1)e^{-abt}}$$

となり，$t \to \infty$ としても人口は最大でも b にとどまることがわかります．

2.2　身近な微分方程式

実用的で身近な話題に微分方程式を適用した例を述べましょう．

2.2.1　年代測定法

恐竜の時代や古代の遺跡の年代はどのように特定しているのでしょう．その 1 つに木の年輪を使う年輪年代法と言われる方法があります（図 2.3）．木は 1 年に 1 つずつ年輪を刻みますが，その年の気候により，その幅に差があります．

図 2.3　年輪

そこに注目して，年代の判明している木とパターンを比較しながら古代にさかのぼっていく方法です．原始的に思われますが，かなり精度が高いそうです．

さて，ここで述べるのは炭素の同位元素である ^{14}C を用いる放射性炭素年代測定と呼ばれる方法です．自然の中では ^{14}C の比率はほぼ一定であると考えられています．しかし，一方で ^{14}C は通常の炭素 ^{12}C の放射性同位元素ですから，徐々に崩壊していきます．生物が生きている間は外界との接触により，新たな ^{14}C をとり入れていて，^{14}C の比率は一定のままですが，死んでしまうと新しい ^{14}C が供給されないためにその比率は徐々に減っていきます．この割合で生物の生きていた時期を知ろうという方法です．^{14}C の半減期は約 5730 年ということで，長い期間の測定が可能になります．

物質の中の ^{14}C 原子の数を N とし，その崩壊の係数を α とすると

$$\frac{dN}{dt} = -\alpha N$$

をみたすことになります．この解は

$$N(t) = N_0 e^{-\alpha t}$$

になります．$N(t)$ が初期の値 N_0 の半分になるのは

$$\frac{N_0}{2} = N_0 e^{-\alpha t}$$

により，

$$t = \frac{\log 2}{\alpha}$$

表 2.1　放射性物質の半減期表

物質	化学記号	半減期	物質	化学記号	半減期
炭素14	^{14}C	5730年	窒素13	^{13}N	10分
コバルト60	^{90}Co	5.275年	ストロンチウム90	^{90}Sr	29年
ヨウ素131	^{131}I	8日	セシウム137	^{137}Cs	30年
ラドン222	^{222}Ra	92時間	ラジウム226	^{226}Ra	1600年
ウラン235	^{235}U	7.038×10^7 年	プルトニウム239	^{239}Pu	2.411×10^4 年

を得て，この値を半減期と言います（表 2.1）．^{14}C の場合，時間を年で表すと

$$\alpha \approx \frac{\log 2}{5730} \approx 1.2097 \times 10^{-4}$$

になります．

^{14}C は生物が死んでから徐々に減っていくことから，^{12}C と ^{14}C の比率をみれば生物の死んだ時期がわかるのです．すなわち，^{14}C が半分に減っていることがわかれば死後 5730 年経過し，4 分の 1 に減っていれば半減期の 2 倍の 11460 年経っているということがわかるというわけです．

2.2.2　追跡線

犬の散歩　歩かない犬の散歩で苦労をしたことはありませんか．そんなときには，犬を強引に引っ張って散歩をするしかありません．時刻 0 に，私は原点を出発し一定の速度 v で x 軸の上を動くとしましょう．私の愛犬は時刻 0 には引

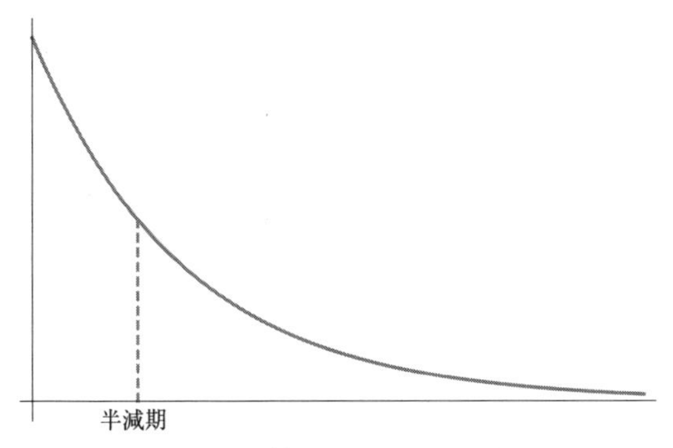

図 2.4　^{14}C の減少と半減期

き綱の長さ L だけ離れた y 軸の上にいるのですが，まったく動こうとしません．引き綱で引っ張って歩いていこうと思います．私の愛犬の軌道を求めてみましょう．時刻 t での犬の位置を $(x(t), y(t))$ とすると，私の位置は $(vt, 0)$ ですから, 引き綱の長さから

$$(x(t) - vt)^2 + y(t)^2 = L^2 \tag{2.1}$$

です．一方，私のいる位置から愛犬を引っ張るのですから，綱の傾きは

$$\frac{dy}{dx}(t) = -\frac{y(t)}{vt - x(t)} \quad \text{すなわち} \quad x(t) - vt = \frac{y(t)}{dy/dx}$$

をみたします．この式を式 (2.1) に代入すると

$$\left(\frac{y}{dy/dx}\right)^2 + y^2 = L^2$$

を得ます．$y \geq 0$ および $\frac{dy}{dx} \leq 0$ に注意して，整理をすれば

$$\frac{dy}{dx} = -\frac{y}{\sqrt{L^2 - y^2}}$$

となります．この微分方程式を解くには，$y = L\cos\theta$ とおき

$$L\sin\theta\frac{d\theta}{dx} = \frac{\cos\theta}{\sin\theta}$$

を得ます．つまり

$$\frac{1}{L}\frac{dx}{d\theta} = \frac{\sin^2\theta}{\cos\theta} = \frac{1}{\cos\theta} - \cos\theta$$

となるので，この右辺を積分すると

$$\frac{x}{L} = \log\frac{1 + \sin\theta}{\cos\theta} - \sin\theta$$

となります．この積分が正しいことは微分をして確かめてください．さらに $L\cos\theta$ を y に戻して

$$x = L\log\frac{L + \sqrt{L^2 - y^2}}{y} - \sqrt{L^2 - y^2}$$

を得ます．この曲線を**追跡線**と言います（図 2.5）．

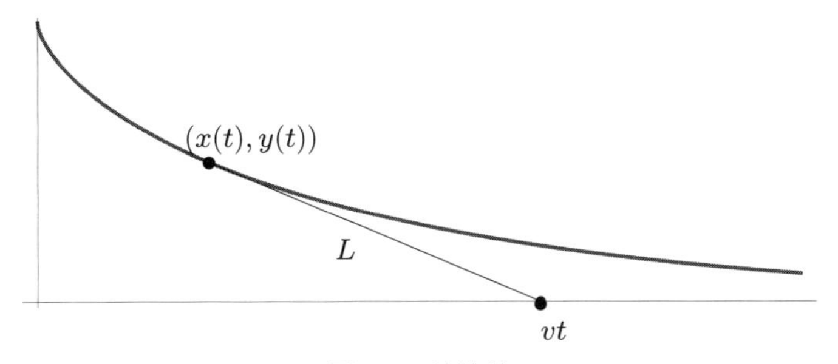

図 2.5　追跡線

ミサイルの例　今度は高度 h を飛んでいる飛行機をその排出する赤外線を追跡してミサイルで撃ち落とすという物騒な設定を考えましょう（図 2.6）．ミサイルの速度は v，飛行機の速度は 1 で一定とします ($v > 1$)．時刻 0 に飛行機が $(0, h)$ を通過した瞬間にミサイルは追跡を開始します．ミサイルの時刻 t での位置を $(x(t), y(t))$ とします．飛行機は (t, h) にいますから，ミサイルの向かう方向は

$$\frac{dy}{dx}(t) = \frac{h - y(t)}{t - x(t)} \tag{2.2}$$

となり，ミサイルの速度は v ですから

$$\left(\frac{dx}{dt}\right)^2 + \left(\frac{dy}{dt}\right)^2 = v^2 \tag{2.3}$$

をみたします．この 2 つの式を解きましょう．式 (2.2) を変形すると

$$\frac{dx}{dy}(t)(h - y(t)) = t - x(t)$$

ですから，これを t で微分して

$$\frac{d^2x}{dy^2}\frac{dy}{dt}(h - y(t)) - \frac{dx}{dy}\frac{dy}{dt} = 1 - \frac{dx}{dt}$$

となって，うまく両辺から $\frac{dx}{dt}$ が消去できるので

$$\frac{d^2x}{dy^2}\frac{dy}{dt}(h - y) = 1 \tag{2.4}$$

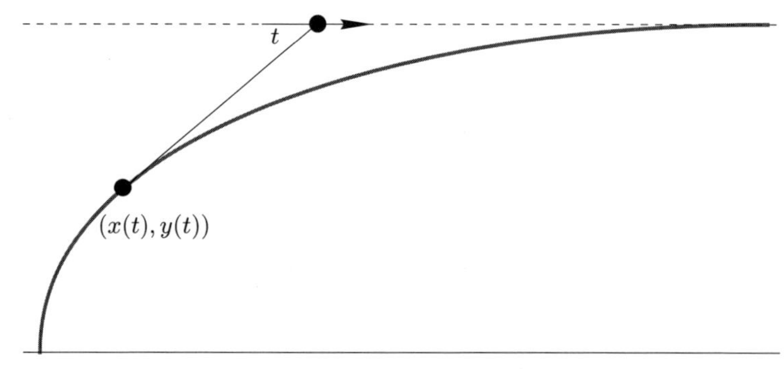

図 2.6　ミサイルの曲線

を得ます．一方，式 (2.3) は

$$\left(\frac{dx}{dy}\right)^2 + 1 = \frac{v^2}{(dy/dt)^2}$$

なので，

$$\frac{dy}{dt} = \frac{v}{\sqrt{1 + (dx/dy)^2}}$$

を得て，これを式 (2.4) に代入すると

$$\frac{d^2x}{dy^2} \times \frac{v}{\sqrt{1 + (dx/dy)^2}}(h - y) = 1$$

となるので，$p = \frac{dx}{dy}$ と書けば

$$\frac{1}{\sqrt{1 + p^2}}\frac{dp}{dy} = \frac{1}{(h - y)v}$$

と変数分離形になります．これを解けば

$$\log(p + \sqrt{1 + p^2}) = -\log(h - y)^{1/v} + c$$

となります．$y = 0$ のとき，$p = 0$ ですから，それも考慮すると

$$p + \sqrt{1 + p^2} = \left(\frac{h}{h - y}\right)^{1/v}$$

を得ます．これを整理すると

$$p = \frac{1}{2}\left(\left(\frac{h}{h-y}\right)^{1/v} - \left(\frac{h}{h-y}\right)^{-1/v}\right)$$

となりますから，これを y で積分をすれば，

$$x = \frac{(h-y)^{1+1/v}h^{-1/v}v}{2(1+v)} - \frac{(h-y)^{1-1/v}h^{1/v}v}{2(v-1)} + \frac{hv}{v^2-1}$$

で，積分定数は $y=0$ で $x=0$ であることから定まります．また，ミサイルが飛行機を捕捉する位置は $y=h$ を代入すれば $x=\frac{hv}{v^2-1}$ であり，それまでにかかる時間 T は，飛行機の速度が 1 ですから，捕捉位置により，$T=\frac{hv}{v^2-1}$ となります．

2.2.3　パラボラアンテナ

パラボラアンテナは電波塔からの電波を 1 点に集める形をしています．その形を求めてみましょう．電波塔は遠くにありますから，電波塔からの電波は平行線と考えてよいでしょう．集まる点を原点，電波は y 軸に平行な直線として，アンテナの形を $y=f(x)$ としましょう．電波はアンテナで反射をすると

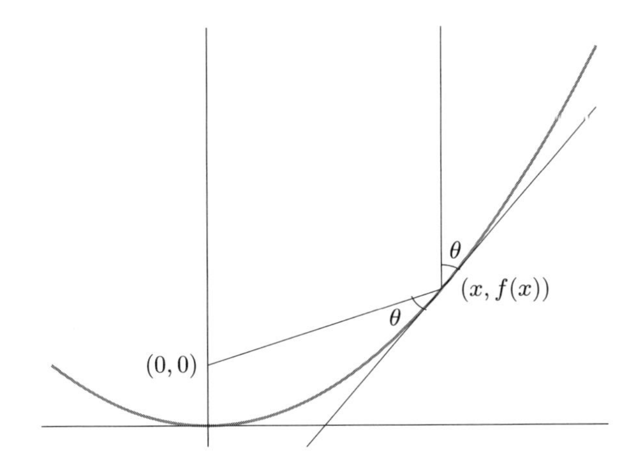

図 2.7　パラボラアンテナの反射

き，図 2.7 のように入射角と反射角が一致します．つまり，$(x, f(x))$ において，y 軸と接線のなす角を θ とすると，$(x, f(x))$ と原点を結ぶ直線と接線のなす角も θ に等しいことがわかります．このことを式に表しましょう．

接線の傾きは $\frac{\pi}{2} - \theta$ です．一方，原点と $(x, f(x))$ を結ぶ直線が x 軸となす角は入射角と反射角が等しいことから，$\frac{\pi}{2} - 2\theta$ に等しくなります．これらのことを式に表すと

$$f'(x) = \tan\left(\frac{\pi}{2} - \theta\right) = \frac{1}{\tan\theta}$$
$$\frac{f(x)}{x} = \tan\left(\frac{\pi}{2} - 2\theta\right) = \frac{1}{\tan 2\theta}$$

を得ます．この式から，倍角の公式を使って θ を消去すると

$$\frac{x}{f(x)} = \frac{2/f'(x)}{1-(1/f'(x))^2} = \frac{2f'(x)}{f'(x)^2 - 1}$$

を得ます．これを整理すると

$$x(f'(x))^2 - 2f(x)f'(x) - x = 0$$

となります．ここで新たな変数 $z = \frac{f(x)}{x}$ を導入すると，上の式は

$$x(z'x + z)^2 - 2zx(z'x + x) - x = 0$$

となり，これを整理すると $x = 0$ または

$$\frac{1}{\sqrt{1+z^2}}dz = \pm\frac{1}{x}dx$$

を得ます．両辺を積分して

$$\log(z + \sqrt{1+z^2}) = \pm\log|x| + c.$$

すなわち，$C = e^c$ として

$$z + \sqrt{1+z^2} = C|x|^{\pm 1}$$

となり，もとに戻して，両辺を x 倍すると

$$f(x) + \sqrt{x^2 + f(x)^2} = Cx^2 \tag{2.5}$$

$$f(x) + \sqrt{x^2 + f(x)^2} = C \tag{2.6}$$

の2つの場合になります.

ここで $x = 0$ のとき，初期値 $f(0) = a$ としましょう.

- $a > 0$ のとき，式 (2.6) が成り立ち

$$f(x) + \sqrt{x^2 + f(x)^2} = 2a$$

- $a < 0$ のときは，式 (2.5) が成り立ち

$$f(x) + \sqrt{x^2 + f(x)^2} = Cx^2$$

となり $a > 0$ のときは

$$\sqrt{x^2 + f(x)^2} = 2a - f(x)$$

として，両辺を2乗すれば

$$f(x) = -\frac{1}{4a}x^2 + a$$

を得ます.

$a < 0$ のときも同様な変形をすれば

$$f(x) = \frac{C}{2}x^2 - \frac{1}{2C}$$

なので，再び初期値を入れれば $-\frac{1}{2C} = a$ より

$$f(x) = -\frac{1}{4a}x^2 + a$$

と $a > 0$ の場合と同じ結果になります.

こうしてアンテナの形状が放物線であることがわかります．原点を放物線の焦点と言います．そもそもパラボラとは放物線を表す parabola から来ているのです.

同じように，2つの焦点 A, B を考え，A から出た光が反射して B に入るような曲線は楕円，A から出て反射した光が B から出たように見える曲線が双曲線になります.

楕円の場合　実際，A$(1,0)$ と B$(-1,0)$ としたとき，$(x,f(x))$ での接線の傾きを $\tan\alpha$，入射角と反射角を θ とすると，図 2.8 の場合には $(x,f(x))$ と $(1,0)$ を結ぶ直線の角度は $\pi-\theta+\alpha$，$(x,f(x))$ と $(-1,0)$ を結ぶ直線の角度は $\theta+\alpha$ になります．これを式に表すと

$$\frac{f(x)}{x-1} = \tan(\pi-\theta+\alpha) = -\tan(\theta-\alpha)$$
$$\frac{f(x)}{x+1} = \tan(\theta+\alpha)$$
$$f'(x) = \tan\alpha$$

となります．

双曲線の場合　同様な表現をすると，$(x,f(x))$ と $(1,0)$ を結ぶ直線の傾きは $\theta+\alpha$，$(x,f(x))$ と $(-1,0)$ を結ぶ直線の傾きは $\alpha-\theta$ になります（図 2.9）．これを式に表すと

$$\frac{f(x)}{x-1} = \tan(\theta+\alpha)$$
$$\frac{f(x)}{x+1} = \tan(\alpha-\theta)$$
$$f'(x) = \tan\alpha$$

となります．

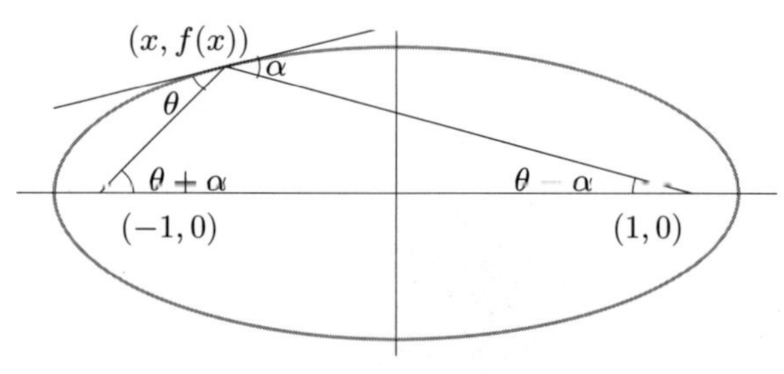

図 2.8　楕円の反射

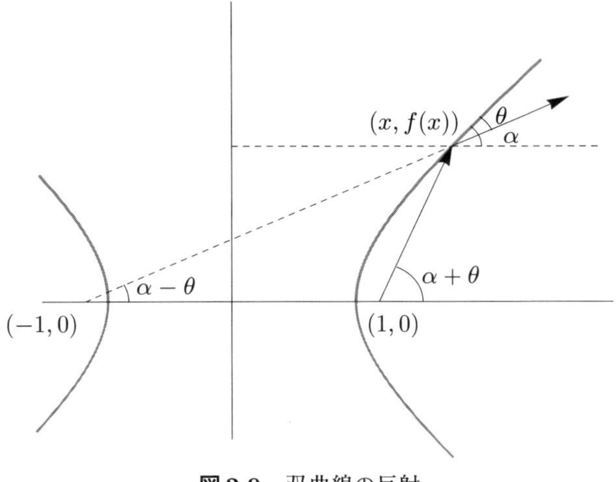

図 2.9　双曲線の反射

2.3　物理を用いた実用的な微分方程式

物理法則と関係した例をあげましょう．

2.3.1　懸垂曲線

懸垂曲線（図 2.10）とは天井からつり下げたひもの作る曲線で，一見すると放物線に見えますが，放物線ではありません．この曲線を導くのに微分の定義を用います．最下点からのひもの長さ s をパラメータにして考えてみます．中心から左右対称なことは明らかですから，$s \geq 0$ の場合のみを考えます．ひもには水平方向に張力 T が一様にかかっています．パラメータが s から $s + \Delta$ の部分を考えましょう．ひもの密度を ρ とすると，この部分には，図 2.11 のように，$\rho g \Delta$ の下向きの力と，その部分の左端の接線に沿っての張力，右端の接線に沿っての張力の 3 つの力が働いていますが，これらは釣り合っているはず

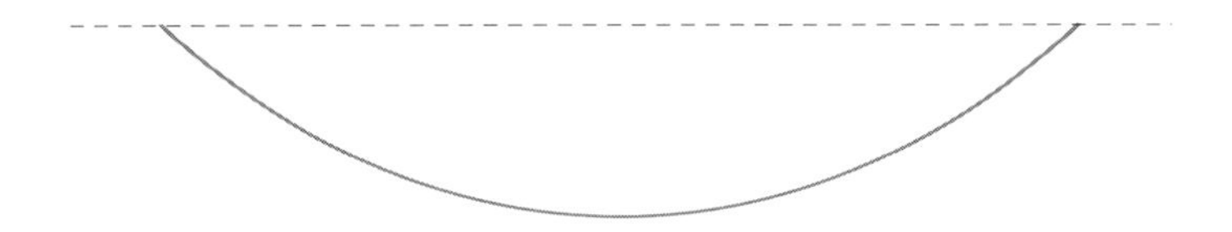

図 2.10　懸垂曲線

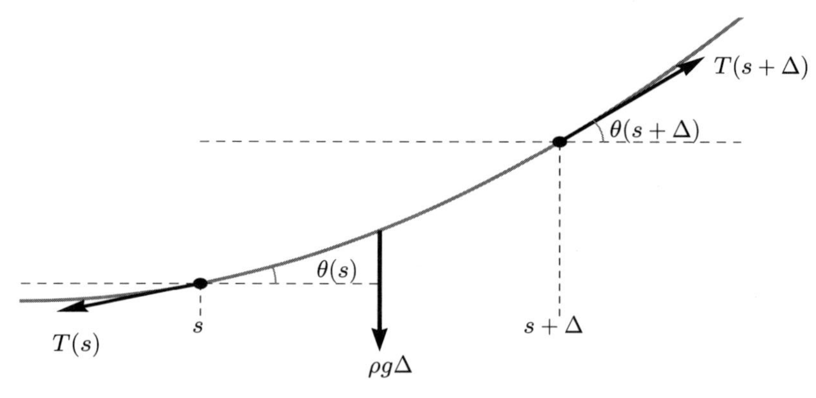

図 2.11　釣り合い

です．パラメータ s のところの接線の傾きを $\theta(s)$ とおくと，図 2.11 のように左端では $T(s)$ の張力，右端では $T(s+\Delta)$ の張力がこの部分を引っ張る力として働いています．これらと重力がバランスがとれているのですから，水平方向と垂直方向のバランスを式に表すと

$$T = T(s)\cos\theta(s) = T(s+\Delta)\cos\theta(s+\Delta)$$
$$T(s)\sin\theta(s) + \rho\Delta g = T(s+\Delta)\sin\theta(s+\Delta).$$

これを解くと

$$T\tan\theta(s+\Delta) - T\tan\theta(s) = \rho\Delta g$$

が成り立ちます．微分の定義に従えば，この式から

$$T\frac{d}{ds}\tan\theta(s) = \rho g$$

を得ます．この微分方程式は容易に解けて，$C = \frac{\rho g}{T}$ とおくと

$$\tan\theta(s) = Cs \quad \text{または} \tan \text{の逆関数を用いて} \quad \theta(s) = \arctan Cs$$

になります．$s = 0$ のときに最下点としましたから，積分定数は 0 に等しいのです．

これを (x,y) で表してみましょう．最下点を $(0,0)$ としましょう．

$$x(s) = \int_0^s \cos\theta(t)\,dt$$
$$y(s) = \int_0^s \sin\theta(t)\,dt$$

と表せます．そこで，$\tan\theta(t) = Ct$ により変数変換すると，$d\theta = C\cos^2\theta\,dt$ なので，

$$\begin{aligned} x(s) &= \int_0^{\theta(s)} \cos\theta \frac{1}{C}\frac{d\theta}{\cos^2\theta} = \int_0^{\theta(s)} \frac{d\theta}{\cos\theta} \\ &= \frac{1}{C}\int_0^{z(s)} \frac{dz}{1-z^2} \qquad (z = \sin\theta) \\ &= \frac{1}{2C}\left(\log(1+z(s)) - \log(1-z(s))\right) \end{aligned}$$

をみたします．ここで

$$\begin{aligned} z(s) &= \sin\theta(s) = \sqrt{1-\cos^2\theta(s)} \\ &= \sqrt{1-\frac{1}{1+\tan^2\theta(s)}} \\ &= \sqrt{1-\frac{1}{1+C^2s^2}} = \frac{Cs}{\sqrt{1+C^2s^2}} \end{aligned}$$

を代入して

$$x(s) = \frac{1}{2C}\log\left(\frac{Cs+\sqrt{1+C^2s^2}}{-Cs+\sqrt{1+C^2s^2}}\right)$$

さらに，双曲線正弦関数 $\sinh y = \dfrac{e^y - e^{-y}}{2}$（図 2.12）を用いると

$$\sinh Cx(s) = Cs$$

を得ます．ここがちょっとわかりにくいでしょうから，丁寧に計算をしてみましょう．上の式から

$$\sinh(Cx(s)) = \sinh\left\{\frac{1}{2}\log\left(\frac{Cs+\sqrt{1+C^2s^2}}{-Cs+\sqrt{1+C^2s^2}}\right)\right\}$$

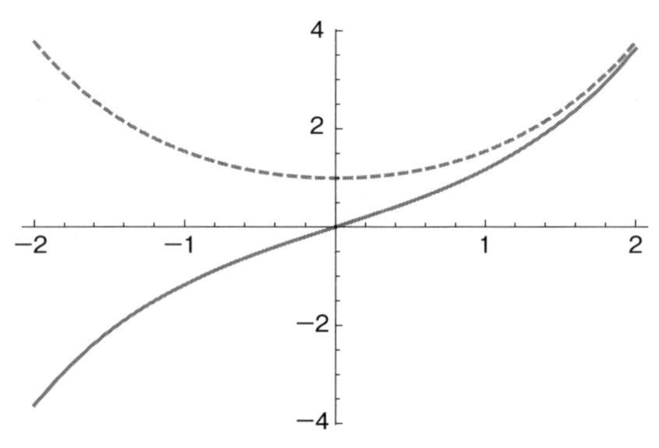

図 2.12　$\sinh x$（実線）と $\cosh x$（破線）

ですから，これを sinh の定義に入れると

$$\sinh Cx(s) = \frac{1}{2}\left(\sqrt{\frac{Cs+\sqrt{1+C^2s^2}}{-Cs+\sqrt{1+C^2s^2}}} - \sqrt{\frac{-Cs+\sqrt{1+C^2s^2}}{Cs+\sqrt{1+C^2s^2}}}\right)$$

となります．これを通分すると

$$\sinh Cx(s) = \frac{1}{2}\frac{2Cs}{\sqrt{-Cs+\sqrt{1+C^2s^2}}\sqrt{Cs+\sqrt{1+C^2s^2}}} = Cs$$

と計算できます．一方，$z = \cos\theta$ と変数変換して，$\cosh^2 x - \sinh^2 x = 1$ を用いると

$$\begin{aligned}
y(s) &= \int_0^{\theta(s)} \sin\theta \frac{1}{C}\frac{d\theta}{\cos^2\theta} \\
&= \frac{1}{C}\left(\frac{1}{\cos\theta(s)} - 1\right) = \frac{1}{C}\left(\sqrt{1+\tan^2\theta(s)} - 1\right) \\
&= \frac{1}{C}\left(\sqrt{1+C^2s^2} - 1\right) \\
&= \frac{1}{C}\left(\sqrt{1+\sinh^2(Cx(s))} - 1\right) \\
&= \frac{1}{C}(\cosh(Cx(s)) - 1)
\end{aligned}$$

つまり，

$$y = \frac{1}{C}(\cosh Cx - 1)$$

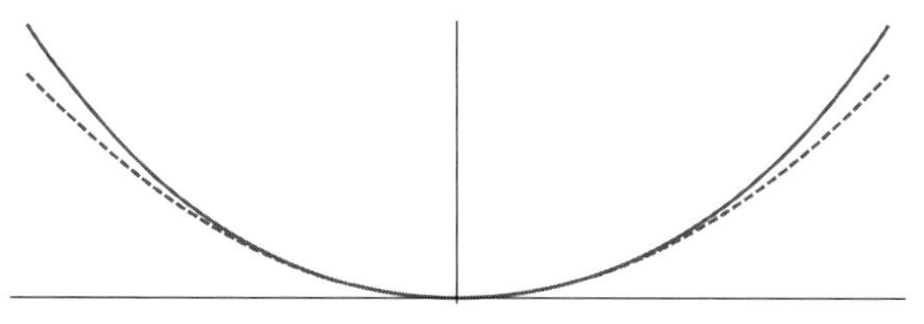

図 2.13　懸垂曲線（実線）と放物線（破線）

が懸垂曲線であることがわかりました．

e^x をテイラー展開すると

$$\cosh x = \frac{e^x + e^{-x}}{2} = \frac{1}{2}\left(1 + x + \frac{x^2}{2} + \cdots + 1 - x + \frac{x^2}{2} - \cdots\right) = 1 + \frac{x^2}{2} + \cdots$$

ですから，

$$y = \frac{1}{C}\left(1 + \frac{C^2x^2}{2} + \cdots - 1\right) = \frac{C}{2}x^2 + \cdots$$

となり，図 2.13 のように放物線 $y = \frac{C}{2}x^2$ に近いことがわかります．

懸垂曲線は引っ張る力が作る曲線なので，これを逆さまにすると安定するアーチになります．

2.3.2　高速道路

$$x(t) = \int_0^t \cos\frac{t^2}{2}\,dt, \qquad y(t) = \int_0^t \sin\frac{t^2}{2}\,dt$$

で与えられるとき，$(x(t), y(t))$ の描く曲線をクロソイド曲線と言います（図 2.14）．

フレネル積分

$$\int_0^\infty \sin(t^2)\,dt = \frac{1}{2}\sqrt{\frac{\pi}{2}}$$

からわかるように，$t \to \infty$ では $(\frac{\sqrt{\pi}}{2}, \frac{\sqrt{\pi}}{2})$ に収束します．この積分の求め方は 2.5.2 項に与えておきました．この曲線は

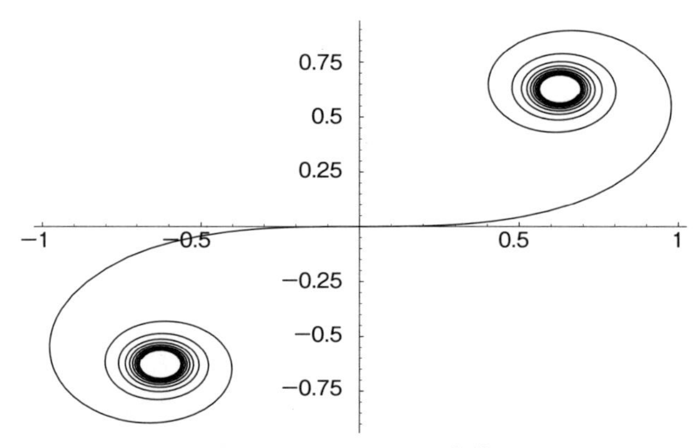

図2.14　クロソイド曲線

$$(x'(t), y'(t)) = (\cos\frac{t^2}{2}, \sin\frac{t^2}{2}), \quad (x''(t), y''(t)) = (-t\sin\frac{t^2}{2}, t\cos\frac{t^2}{2})$$

ですから，速度と加速度は

$$|v(t)| = 1, \qquad |a(t)| = |t|$$

をみたします．つまり速度一定で，滑らかに内側に力を加えていくことでこの曲線を得ることがわかります．

直線から滑らかに円につなぐと曲線とその微分は連続ですが，2回微分が連続でないので，円に入ったところで，円運動をするための力を急激に加えなければなりません．実際に，直線では加速度は0ですが，速度1で半径1の円に入ると運動は $(\cos t, \sin t)$ と表されるので

$$v(t) = (-\sin t, \cos t), \qquad a(t) = (-\cos t, -\sin t)$$

となり，カーブに入る前に0であった加速度は $|a(t)| = 1$ へと急激に変化します．加速度の急激な変化は車が横滑りをする危険をもたらすので，高速道路でのカーブではクロソイド曲線が使われているのです．

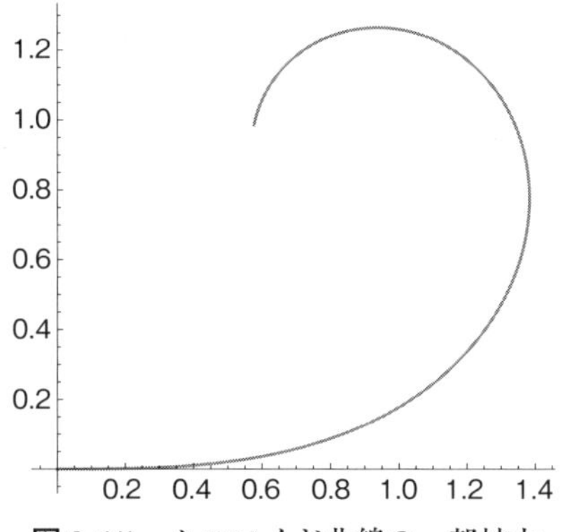

図 2.15　クロソイド曲線の一部拡大

2.4　偏微分方程式

ここまで考察してきた微分方程式を常微分方程式と言います．微小な時間の変化を考えてそこでの運動を考えたニュートンの運動法則や，微小な位置の変化を考えて微分方程式をたてた懸垂曲線などをみてきましたが，時間と位置両方の微小な変化の関係をみるには偏微分が必要になります．数学においては

1 次元なら　$\Delta f = \dfrac{d^2 f}{dx^2}$

2 次元なら　$\Delta f = \dfrac{\partial^2 f}{\partial x^2} + \dfrac{\partial^2 f}{\partial y^2}$

3 次元なら　$\Delta f = \dfrac{\partial^2 f}{\partial x^2} + \dfrac{\partial^2 f}{\partial y^2} + \dfrac{\partial^2 f}{\partial z^2}$

で用いる記号 Δ を**ラプラシアン**と言い，

$$\Delta f = 0$$

を**ラプラスの方程式**と言います．さらにラプラス方程式をみたす関数を**調和関数**と言い，複素関数論などでも重要な役割を果たすことが知られています．

物理の問題は偏微分方程式として表されることが多く，その中でも基礎となる熱方程式と波動方程式を考えてみましょう．これらは

$$\frac{\partial u}{\partial t} = \Delta u \qquad \text{熱方程式}$$

$$\frac{\partial^2 u}{\partial t^2} = \Delta u \qquad \text{波動方程式}$$

をみたします．もっともここで述べたのは，これらのもっとも単純な形の方程式で，実際の自然現象ではさまざまな変形があります．

熱方程式は拡散方程式とも呼ばれ，ブラウン運動を表現する式にも現れ，経済現象を記述する方程式にもなっています．調和関数は熱方程式では時間によらず一定な値をとる状態，波動方程式では一定の速度をもつ状態に対応し，これらは**定常状態**を表していることになります．

これらを物理の原理から導出してみましょう．2次元や3次元でも基本的に同じ考え方で導けますが，記述の煩わしさを避けるために1次元の場合のみを考えます．

2.4.1　熱方程式

太さが一定の棒を考えましょう（図2.16）．熱は棒を伝わって流れるとして，棒の途中から外へ逃げていかず，各断面では一定の温度であると仮定します．$u(t,x)$ で時刻 t における位置 x での温度を表しましょう．棒の方向 x だけを考えればよいので1次元と考えることができます．

x から $x+\Delta x$ 間の内部の熱の変化は

$$\frac{d}{dt}\left[C\rho S\int_x^{x+\Delta x} u(t,y)\,dy\right]$$

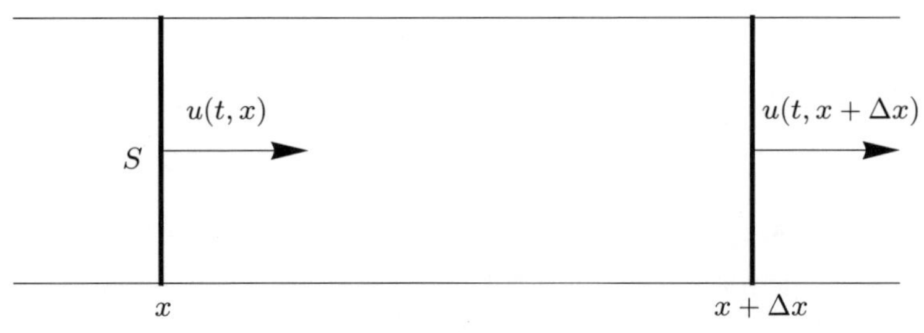

図2.16　熱方程式

となります．ここで C は比熱，ρ は棒の密度，S は断面積です．これは $x+\Delta x$ の断面から入ってくる熱量から，x から出ていく熱量を引いたもの

$$kS\left[\frac{\partial u}{\partial x}(t,x+\Delta x)-\frac{\partial u}{\partial x}(t,x)\right]$$

に等しくなります．ここで，k は棒の熱伝導度です．外部の熱が内部より高いときに内部に熱が流れ込むのですから，外部と内部の断面における温度差 $\frac{\partial u}{\partial x}$ に流れ込む熱量が比例することを上の式は示しています．これらをまとめれば

$$\frac{d}{dt}\left[C\rho\int_x^{x+\Delta x}u(t,y)\,dy\right]=k\left[\frac{\partial u}{\partial x}(t,x+\Delta x)-\frac{\partial u}{\partial x}(t,x)\right]$$

を得ますが，ここで，両辺を Δx で割ってから，$\Delta x\to 0$ とすれば

$$C\rho\frac{\partial u}{\partial t}=\frac{\partial^2 u}{\partial x^2}$$

となります．これが熱方程式です．

$$u(t,x)=\int\frac{1}{\sqrt{2\pi t}}e^{-(y-x)^2/2t}f(y)\,dy$$

は $C=\rho=1$ の場合の 1 次元の熱方程式

$$\frac{\partial u}{\partial t}=\frac{1}{2}\frac{\partial^2 u}{\partial x^2}$$

の初期値 $u(0,x)=f(x)$ の解となります．実際，

$$\frac{\partial u}{\partial t}=\int\frac{1}{\sqrt{2\pi}}\left(-\frac{1}{2}\right)t^{-3/2}e^{-(y-x)^2/2t}f(y)\,dy$$
$$+\int\frac{1}{\sqrt{2\pi t}}e^{-(y-x)^2/2t}\frac{(y-x)^2}{2}t^{-2}f(y)\,dy$$

で，一方

$$\frac{\partial u}{\partial x}=\int\frac{1}{\sqrt{2\pi t}}e^{-(y-x)^2/2t}\left(-\frac{(x-y)}{t}\right)f(y)\,dy$$

より

$$\frac{\partial^2 u}{\partial x^2}=\int\frac{1}{\sqrt{2\pi t}}e^{-(y-x)^2/2t}\left(-\frac{1}{t}\right)f(y)\,dy$$

$$
\begin{aligned}
&+\int \frac{1}{\sqrt{2\pi t}} e^{-(y-x)^2/2t} \left(\frac{x-y}{t}\right)^2 f(y)\,dy \\
=&-\int \frac{1}{\sqrt{2\pi}} t^{-3/2} e^{-(y-x)^2/2t} f(y)\,dy \\
&+\int \frac{1}{\sqrt{2\pi t}} e^{-(y-x)^2/2t} (y-x)^2 t^{-2} f(y)\,dy
\end{aligned}
$$

となり，これで u は熱方程式の解であることが確かめられました．後は初期値ですが，ちょっとラフな議論をしましょう．

$$
\frac{1}{\sqrt{2\pi t}} e^{-x^2/2t} \tag{2.7}
$$

は平均 0，分散 t の正規分布の密度関数になっています．したがって

$$
u(t,x) = \int \frac{1}{\sqrt{2\pi t}} e^{-(y-x)^2/2t} f(y)\,dy
$$

はこの確率分布で f を平均したものになっています．$t \to 0$ とすると分散が 0 になるのですから，$y = x$ の値になります．つまり $u(0,x) = f(x)$ が導かれます．式 (2.7) は，時刻 t 後に**ブラウン運動**が x にいる確率密度を与えます．このことから上の解は，時刻 0 での確率分布が f で与えられるブラウン運動の時刻 t での位置の平均という面白い解釈もできるのです．

例 2.1　熱方程式の解を図にしましょう．区間 $[0,1]$ において，初期値が $f(x) = x$ としましょう．左端点で温度が 0 でもっとも低く，右端点で温度が 1 でもっとも高いとしましょう．このときの解は

$$
u(t,x) = \int_0^1 \frac{1}{\sqrt{2\pi t}} e^{-(y-x)^2/2t} y\,dy
$$

で与えられます．解は図 2.17 のように，時間が経つとともに平らになっていき，最終的には一定の値に収束します．

2.4.2　波動方程式

今度は，ぴんと張った弦の運動を考えましょう（図 2.18）．$u(t,x)$ で時刻 t における弦の中心からの距離を表します．x から $x + \Delta x$ の間の弦が外へ引っ張られる力を考えましょう．弦の張力を T，x における弦の水平からの傾きを

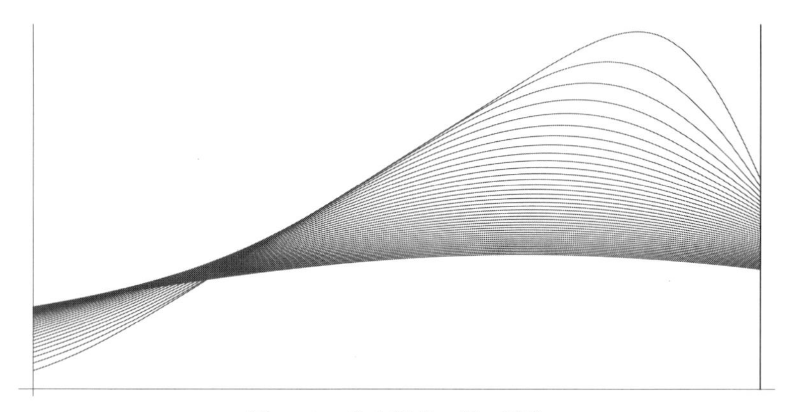

図 2.17 熱方程式の解の挙動

$\theta(x)$ とおくと，弦の方向へ引っ張る力は $T/\cos\theta$ であることに注意すると，下へ引っ張る力は

$$
\begin{aligned}
&\frac{T}{\cos\theta(x+\Delta x)}\sin\theta(x+\Delta x) - \frac{T}{\cos\theta(x)}\sin\theta(x) \\
&\quad = T[\tan\theta(x+\Delta x) - \tan\theta(x)]
\end{aligned}
$$

に等しくなります．$\tan\theta_x$ は傾き $\frac{\partial u}{\partial x}(t,x)$ ですから，下へ引っ張る力は

$$
T\left[\frac{\partial u}{\partial x}(t,x+\Delta x) - \frac{\partial u}{\partial x}(t,x)\right]
$$

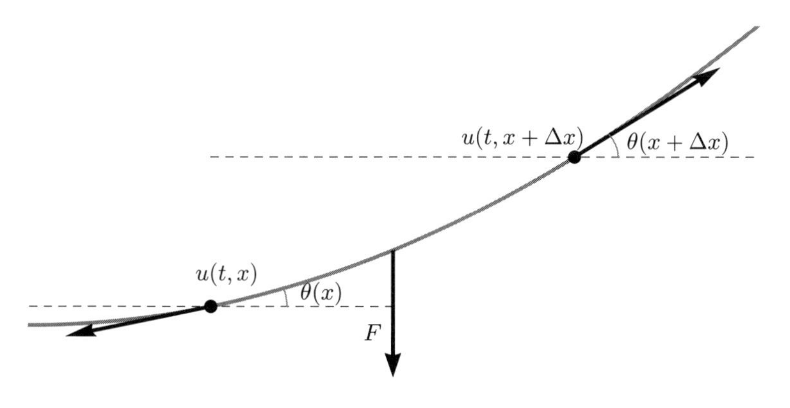

図 2.18 波動方程式

に等しくなります．そこで，ニュートンの運動方程式 $F = ma$ を考えると，加速度 a は $\frac{\partial^2 u}{\partial t^2}$，$x$ から $x + \Delta x$ の間の質量は，密度を ρ とすれば $\rho \Delta x$ ですので

$$T\left[\frac{\partial u}{\partial x}(t, x + \Delta x) - \frac{\partial u}{\partial x}(t, x)\right] = \rho \Delta x \frac{\partial^2 u}{\partial t^2}$$

を得ます．ここで両辺を Δx で割って，$\Delta x \to 0$ の極限を考えれば，左右の辺を入れ換えて

$$\rho \frac{\partial^2 u}{\partial t^2} = T \frac{\partial^2 u}{\partial x^2}$$

を得ます．これがもっとも単純な場合の波動方程式です．

このもっとも単純な場合に変数分離形で解を考えましょう．区間 $[0, \pi]$ で両端を固定して，弦の初期位置と初期速度を与えた

$$\begin{aligned} \frac{\partial^2 u}{\partial t^2} &= \frac{\partial^2 u}{\partial x^2} \\ u(x, 0) &= f(x) \\ \frac{\partial}{\partial t} u(x, 0) &= g(x) \\ u(0, t) &= u(\pi, t) = 0 \end{aligned}$$

を考えましょう．

$$u(x, t) = X(x)T(t)$$

と変数が分離できるとします．これを波動方程式に代入すると

$$\frac{T''}{T} = \frac{X''}{X}$$

を得ます．この値を c とすると，$c = 0$ の特殊な場合は $T'' = X'' = 0$ ですから

$$T = c_1 t + c_2, \quad X = d_1 x + d_2$$

となります．この解は $t \to \pm\infty$ のときに発散してしまうので，自然現象としては不適切でしょう．これ以外の場合は

$$T'' = cT, \quad X'' = cX$$

と振動の方程式になります．したがって，解は

$$T = c_1 e^{\sqrt{c}t} + c_2 e^{-\sqrt{c}t}$$
$$X = d_1 e^{\sqrt{c}x} + d_2 e^{-\sqrt{c}x}$$

となります．$c > 0$ でも解は $t \to \pm\infty$ のときに発散してしまうので，やはり不適切でしょう．残るのは $c < 0$ のときです．

$$\cos(\sqrt{-c}t) = \frac{e^{i\sqrt{-c}t} + e^{-i\sqrt{-c}t}}{2}, \quad \sin(\sqrt{-c}t) = \frac{e^{i\sqrt{-c}t} - e^{-i\sqrt{-c}t}}{2i}$$

ですから，上の解は周期 $\frac{2\pi}{\sqrt{-c}}$ の正弦波の重ね合わせになります．境界条件より $X(0) = X(\pi) = 0$ をみたさなければならないので，$\sqrt{-c}$ は整数でなくてはなりません．この整数を m とおくと，後でのフーリエ級数を考えて係数 $\sqrt{\frac{2}{\pi}}$ を付け加えて

$$X(x) = \sqrt{\frac{2}{\pi}} \sin(mx)$$

で与えられます．ここで，再び初期条件を考えると cos の項はなくなることに注意しましょう．このことと，T も同じ周期をもつことから

$$T(t) = a_m \sqrt{\frac{2}{\pi}} \cos(mt) + b_m \sqrt{\frac{2}{\pi}} \sin(mt)$$

と表せて，この m についての重ね合わせが解になるので

$$u(t,x) = \sum_{m=1}^{\infty} \left(a_m \sqrt{\frac{2}{\pi}} \cos(mt) + b_m \sqrt{\frac{2}{\pi}} \sin(mt) \right) \sqrt{\frac{2}{\pi}} \sin(mx)$$

になるはずです．残りの作業はこの解のうち初期条件をみたすものを探すことです．$u(x,0) = f(x)$ と $\frac{\partial}{\partial t} u(x,0) = g(x)$ より

$$f(x) = \sum_{m=1}^{\infty} a_m \sqrt{\frac{2}{\pi}} \sin(mx)$$
$$g(x) = \sum_{m=1}^{\infty} b_m \sqrt{\frac{2}{\pi}} m \sin(mx)$$

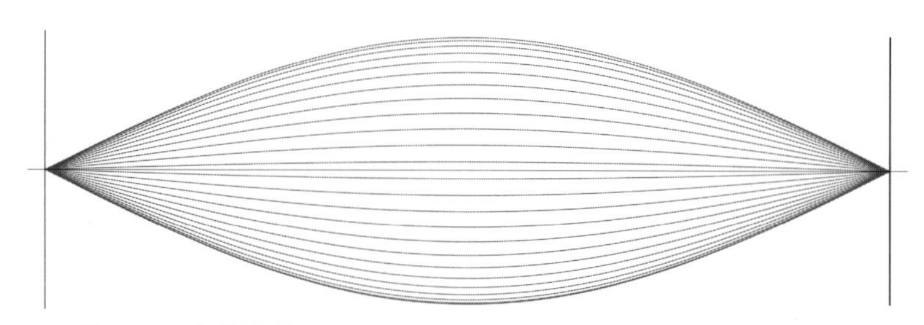

図 2.19　初期条件 $f(x) = \sin(\pi x)$ の場合の波動方程式の解の挙動

をみたしますので，フーリエ級数により

$$a_m = (f, \sqrt{\frac{2}{\pi}} \sin(mx)) = \int_0^\pi f(x) \sqrt{\frac{2}{\pi}} \sin(mx)\, dx$$

$$b_m = (\frac{1}{m} g, \sqrt{\frac{2}{\pi}} \sin(mx)) = \int_0^\pi \frac{1}{m} g(x) \sqrt{\frac{2}{\pi}} \sin(mx)\, dx$$

から係数を求めることができます．フーリエ級数については次の項で少し述べることにします．

例 2.2　もっとも簡単な場合に解を求めましょう．$f(x)$ も境界条件をみたす必要があるので，$f(0) = f(\pi) = 0$ でなくてはなりません．そうなるともっとも簡単なのは $f(x) = \sqrt{\frac{2}{\pi}} \sin x$ でしょう．$g(x) = 0$，つまりそっと弦を放すことにしましょう．当然，$b_m = 0$ になります．$f(x) = \sqrt{\frac{2}{\pi}} \sin x$ の場合，$m = 1$ のとき $a_m = 1$，それ以外では 0 ですから

$$u(x,t) = \frac{2}{\pi} \cos(\pi t) \sin(\pi x)$$

が解になります．図 2.19 ではわかりにくいですが，時間とともに振幅 $\frac{2}{\pi} \cos t$ が大きくなったり小さくなったりする振動を繰り返すことになります．この解が弦の基本振動になり，$m = 2, 3, \ldots$ はその高調波になります．$m = 1$ のときドの音なら，$m = 2$ はそのオクターブ上のドの音，$m = 3$ はさらに 5 度上のソの音となり，和音が得られることになります．

$\frac{\pi}{3}$ でも 0 になる $f(x) = x(\pi - x)(\frac{\pi}{3} - x)$ の場合はちょっと複雑ですが，計算してみると

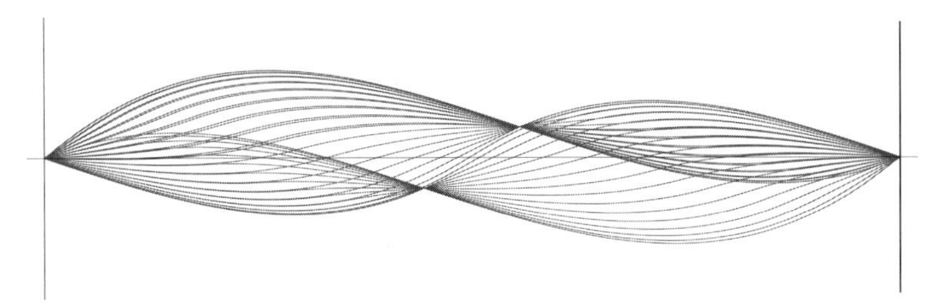

図 2.20 初期条件 $f(x) = x(\pi - x)(\frac{\pi}{3} - x)$ の場合の波動方程式の解の挙動

$$u(x,t) = \sum_{m=1}^{\infty} \sqrt{\frac{8}{\pi}} \frac{4\pi + 5\pi\cos(m\pi)}{3m^3} \cos mt \sin mx$$

になります．これもよくみると正弦波の重ね合わせになっていることがわかります．

2.5 補足

この章で用いた話題に補足をしておきましょう．

2.5.1 フーリエ級数

ざっと，フーリエ級数とは何であるかを説明しましょう．

$\mathbb{R}^2$ の場合には，ベクトル $\boldsymbol{x} = \binom{x}{y}$ は，その基底である

$$\boldsymbol{e}_1 = \begin{pmatrix} 1 \\ 0 \end{pmatrix}, \quad \boldsymbol{e}_2 = \begin{pmatrix} 0 \\ 1 \end{pmatrix}$$

を用いると

$$\boldsymbol{x} = x\boldsymbol{e}_1 + y\boldsymbol{e}_2$$

と表せます．それぞれの基底に対応する係数 x と y は，内積を用いると

$$x = (\boldsymbol{x}, \boldsymbol{e}_1), \quad y = (\boldsymbol{x}, \boldsymbol{e}_2)$$

として求めることができます．関数の空間で同じことをやろうというのが，フーリエ級数です．もっとも，フーリエ (Joseph Fourier, 1768–1830) がこの

変換を見つけたときには関数の空間なんて概念はなかったでしょうから，このような解釈が成り立つなんて考えたこともなかったでしょう．

ともあれ，区間 $[0,\pi]$ を考えることにしましょう．この区間上の関数 f でその2乗した $|f|^2$ が積分可能な関数全体の空間を考えます．これを $L^2[0,\pi]$ と表すのですが，その上に内積を

$$(f,g)=\int_0^\pi f(x)g(x)\,dx$$

で定義しましょう．なぜこれが内積なのかとか，$L^2[0,\pi]$ って厳密には何か，さらにこの積分は通常のリーマン積分ではなく，ルベーグ積分だよとかいうことはここでは議論しないことにします．ともあれ，こうすると $L^2[0,\pi]$ は線形空間になり，

$$\sqrt{\frac{1}{\pi}},\sqrt{\frac{2}{\pi}}\cos x,\sqrt{\frac{2}{\pi}}\sin x,\sqrt{\frac{2}{\pi}}\cos 2x,\sqrt{\frac{2}{\pi}}\sin 2x,\sqrt{\frac{2}{\pi}}\cos 3x,\sqrt{\frac{2}{\pi}}\sin 3x,\ldots$$

は正規直交基底を与える基底ベクトルになります．実際

$$(\sqrt{\frac{1}{\pi}},\sqrt{\frac{1}{\pi}})=\int_0^\pi\sqrt{\frac{1}{\pi}}\times\sqrt{\frac{1}{\pi}}\,dx=1$$
$$(\sqrt{\frac{1}{\pi}},\sqrt{\frac{2}{\pi}}\cos mx)=\int_0^\pi\sqrt{\frac{1}{\pi}}\times\sqrt{\frac{2}{\pi}}\cos mx\,dx=0$$
$$(\sqrt{\frac{1}{\pi}},\sqrt{\frac{2}{\pi}}\sin mx)=\int_0^\pi\sqrt{\frac{1}{\pi}}\times\sqrt{\frac{2}{\pi}}\sin mx\,dx=0$$

ですし，

$$(\sqrt{\frac{2}{\pi}}\cos mx,\sqrt{\frac{2}{\pi}}\cos nx)=\begin{cases}\frac{2}{\pi}\int_0^\pi\cos^2 mx\,dx=1 & (m=n)\\ \frac{2}{\pi}\int_0^\pi\cos mx\cos nx\,dx=0 & (m\neq n)\end{cases}$$
$$(\sqrt{\frac{2}{\pi}}\sin mx,\sqrt{\frac{2}{\pi}}\sin nx)=\begin{cases}\frac{2}{\pi}\int_0^\pi\sin^2 mx\,dx=1 & (m=n)\\ \frac{2}{\pi}\int_0^\pi\sin mx\sin nx\,dx=0 & (m\neq n)\end{cases}$$
$$(\sqrt{\frac{2}{\pi}}\cos mx,\sqrt{\frac{2}{\pi}}\sin nx)=\frac{2}{\pi}\int_0^\pi\cos mx\sin nx\,dx=0$$

により，互いに直交し長さが1であることがわかります．したがって，$f\in L^2[0,\pi]$ は

$$f(x) = a_0\sqrt{\frac{1}{\pi}} + \sum_{m=1}^{\infty} a_m\sqrt{\frac{2}{\pi}}\cos mx + \sum_{m=1}^{\infty} b_m\sqrt{\frac{2}{\pi}}\sin mx$$

と分解でき，各係数は

$$a_0 = \int_0^{\pi} \sqrt{\frac{1}{\pi}} f(x)\,dx$$
$$a_m = \int_0^{\pi} \sqrt{\frac{2}{\pi}} \cos mx\, f(x)\,dx$$
$$b_m = \int_0^{\pi} \sqrt{\frac{2}{\pi}} \sin mx\, f(x)\,dx$$

によって求められるということです．

フーリエ展開とは，波を正弦波に分解する理論であると言えることになります．音や画像も波ととらえることができますから，波を構成する正弦波に分解し，その強さを用いて表現することをスペクトル分解と呼びます．これを用いたのがデジタル技術です．これだけでなく，例えば太陽や星を構成している物質をその光のスペクトルからみたり，もっと身近には，食品の構成を分析したりするのにも用いられています．

2.5.2 フレネル積分の複素積分による求め方

$$f(z) = e^{-z^2}$$

を考えましょう．これは整関数です．積分路 C を実数部 $[0, R]$ と 4 分円 C_0 と原点に戻る経路 L に分けると

$$\int_C f(z)\,dx = \int_0^R f(z)\,dz + \int_{C_0} f(z)\,dz + \int_L f(z)\,dz$$

となります．整関数の積分ですから，コーシーの積分定理によりこの値は 0 に等しくなります．

右辺第 1 項：

$$\int_0^R f(z)\,dz = \int_0^R e^{-x^2}\,dx \to \int_0^{\infty} e^{-x^2}\,dx = \frac{\sqrt{\pi}}{2}$$

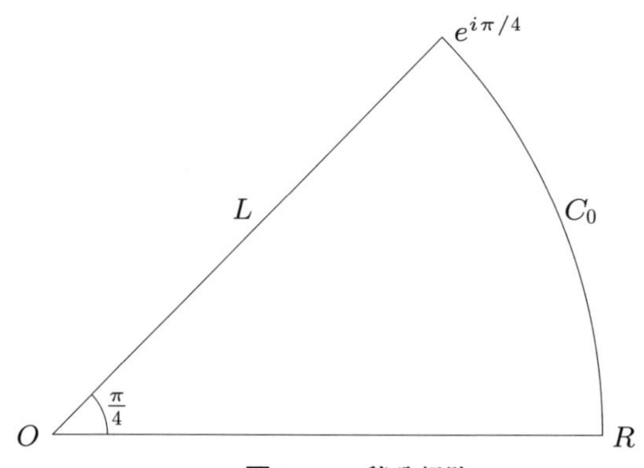

図 2.21　積分経路

右辺第2項：

$$
\begin{aligned}
\left|\int_{C_0} f(z)\,dz\right| &\le \int_0^{\pi/4} \left|e^{-(Re^{i\theta})^2} iRe^{i\theta}\right|\,d\theta \quad (z = Re^{i\theta}) \\
&= \int_0^{\pi/4} e^{-R^2\cos 2\theta} R\,d\theta = \frac{R}{2}\int_0^{\pi/2} e^{-R^2\cos\varphi}\,d\varphi \\
&\le \frac{R}{2}\int_0^{\pi/2} e^{-R^2(1-2\varphi/\pi)}\,d\varphi \quad (\cos\varphi \ge 1 - \frac{2}{\pi}\varphi,\ 0 \le \varphi \le \frac{\pi}{2}) \\
&= \frac{R}{2}e^{-R^2}\int_0^{\pi/2} e^{R^2 2\varphi/\pi}\,d\varphi = \frac{R}{2}e^{-R^2}\frac{\pi}{2R^2}(e^{R^2}-1) \\
&= \frac{\pi}{4R}(1-e^{-R^2}) \to 0
\end{aligned}
$$

右辺第3項：

$$
\begin{aligned}
\int_L f(z)\,dz &= \int_{R/\sqrt{2}}^0 e^{-2ix^2}(1+i)\,dx \quad (z = (1+i)x) \\
&= -\int_0^{R/\sqrt{2}} (\cos(2x^2) - i\sin(2x^2))(1+i)\,dx \\
&= -\int_0^{R/\sqrt{2}} (\cos(2x^2) + \sin(2x^2))\,dx \\
&\qquad -i\int_0^{R/\sqrt{2}} (\cos(2x^2) - \sin(2x^2))\,dx
\end{aligned}
$$

$$\begin{aligned}\to -\int_0^\infty (\cos(2x^2)+\sin(2x^2))\,dx \\ -i\int_0^\infty (\cos(2x^2)-\sin(2x^2))\,dx\end{aligned}$$

をすべて加えて0になりますから，

$$\int_0^\infty (\cos(2x^2)+\sin(2x^2))\,dx = \frac{\sqrt{\pi}}{2}$$
$$\int_0^\infty (\cos(2x^2)-\sin(2x^2))\,dx = 0$$

となり，したがって，$t=\sqrt{2}x$ とおいて

$$\int_0^\infty \sin(t^2)\,dt = \int_0^\infty \sin(2x^2)\sqrt{2}\,dx = \frac{1}{2}\sqrt{\frac{\pi}{2}}$$

を得ます．

第3章

微分方程式の解を見てみよう

第1章や第2章で，自然の原理は微分方程式によって表されることがわかったことでしょう．いくつかの方程式を解いてみましたが，微分方程式を解くのは容易ではなさそうだということもわかってもらえたと思います．たしかに厳密な解を求めることも大切ですが，解が概ねどのような振る舞いをするかがわかることの方がより重要なのです．この章では厳密な解はさておき，解の振る舞いを目でとらえる方法を考えてみましょう．

また，物理の問題を解くにあたっては，私たちの現実に見える空間だけではなく，空間の概念を広げて，新たに相空間と呼ばれる空間の上で運動を考えることで，解の振る舞いを目に見てよくわかるようにすることも考えましょう．

3.1　1次元線形微分方程式

まず，マルサスの人口論（2.1.1項）や年代測定法（2.2.1項）でみたような

$$\frac{dx}{dt} = ax$$

という形に表せる微分方程式を考えましょう．これは1次元の線形方程式と呼ばれるタイプです．さらに，この方程式は

$$\frac{1}{x}\,dx = a\,dt$$

と左右それぞれの辺が1つの変数だけで表せる変数分離形と呼ばれる微分方程式の1つでもあります．両辺をそれぞれ積分すれば

$$\log x = at + c$$

となり，

$$x(t) = Ce^{at}$$

と解けます．これが解になっていることは両辺を t で微分してみればわかります．積分定数 c から定まる C は例えば時刻 0 での値 $x(0) = x_0$ がわかっていれば

$$x(t) = x_0 e^{at}$$

と求めることができます．このように，微分方程式とその初期値を与えて解を求める問題を**初期値問題**と呼びます．

この 1 次元の線形微分方程式は容易に解けましたが，以下のことを確認しておきましょう．

- $a > 0$（図 3.1）ならば，
  - $t \to +\infty$ で解は無限大に去っていく．
  - $t \to -\infty$ で解は 0 に近づく．
- $a < 0$（図 3.2）ならば，
  - $t \to +\infty$ で解は 0 に近づく．
  - $t \to -\infty$ で解は無限大に去っていく．

この単純なことを心に刻んで，2 次元の問題を考えましょう．

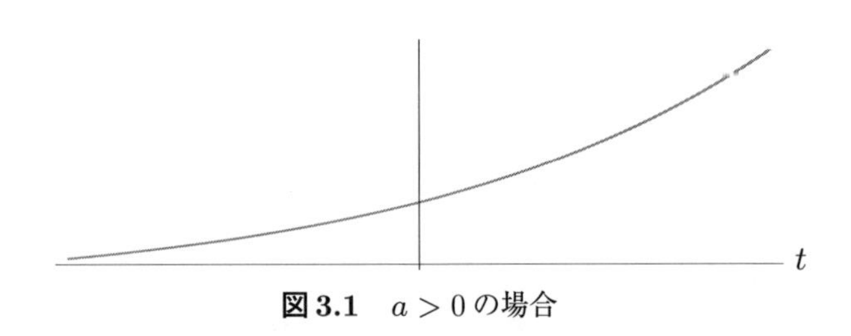

図 3.1　$a > 0$ の場合

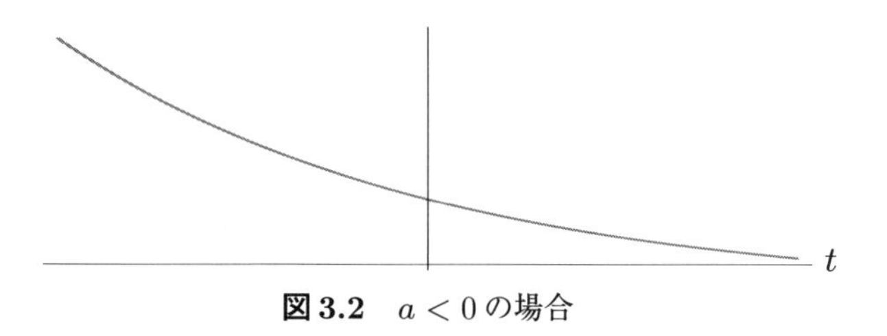

図 3.2　$a < 0$ の場合

3.2　2次元線形微分方程式

2次元の線形微分方程式とは

$$\frac{dx_1}{dt} = ax_1 + bx_2$$
$$\frac{dx_2}{dt} = cx_1 + dx_2$$

と表せる微分方程式です．ここで，ベクトル $\boldsymbol{x} = \begin{pmatrix} x_1 \\ x_2 \end{pmatrix}$ と行列 $A = \begin{pmatrix} a & b \\ c & d \end{pmatrix}$ を用いると

$$\frac{d\boldsymbol{x}}{dt} = A\boldsymbol{x}$$

と1次元の線形微分方程式と形式的に同じになります．時刻0における初期条件を表すベクトルを $\boldsymbol{x}(0) = \boldsymbol{x}_0$ とすると解は

$$\boldsymbol{x}(t) = e^{At}\boldsymbol{x}_0$$

となると考えるのは自然でしょう．問題は行列の指数ベキが何かということです．実関数 e^x を複素関数 e^z へと拡張するには，そのテイラー展開

$$e^x = \sum_{n=0}^{\infty} \frac{x^n}{n!}$$

を使いました．そのときと同様に x を行列 At にとり換えて，

$$e^{At} = \sum_{n=0}^{\infty} \frac{(At)^n}{n!}$$

として定義すればいいだろうということは容易に想像がつきます．初期条件を考えれば e^{A0} は単位行列にならなければならないのですが，これは上の式の右辺において，$A^0 = E$ と単位行列とみればよいわけで，これはごく自然なことです．こうして，テイラー展開を用いることで，行列 e^{At} を定義し，初期値を与えるベクトルに作用させて

$$\boldsymbol{x}(t) = e^{At}\boldsymbol{x}_0$$

とすると，この式は微分方程式の解となります．しかし，解がわかっても行列の積の計算はとても面倒ですから，このままでは計算はほぼ不可能であることがわかるでしょう．とくに，この解がどのような振る舞いをするかはまったく想像がつきません．

そのために線形代数の復習をしましょう．λ が正方行列 A の**固有値**とは

$$A\boldsymbol{x} = \lambda\boldsymbol{x}$$

をみたすようなゼロベクトルでないベクトル $\boldsymbol{x}$ が存在することで，この $\boldsymbol{x}$ を固有ベクトル，そして**固有ベクトル**全体

$$W_\lambda = \{\boldsymbol{x}\colon A\boldsymbol{x} = \lambda\boldsymbol{x}\}$$

を**固有空間**と言います．空間と言うからには W_λ は線形空間になります．2×2 行列 A に固有値が2つ，λ と μ があるときには，それぞれの固有空間から0でないベクトル $\boldsymbol{p}_1$ と $\boldsymbol{p}_2$ を選んで，また固有値が $\lambda = \mu$ をみたす場合でも，W_λ が2次元なら W_λ から独立なベクトル $\boldsymbol{p}_1$ と $\boldsymbol{p}_2$ を選んでそれらを並べて行列

$$P = (\boldsymbol{p}_1, \boldsymbol{p}_2)$$

を定めると

$$P^{-1}AP = \begin{pmatrix} \lambda & 0 \\ 0 & \mu \end{pmatrix}$$

と対角行列になります．この P を基底の変換行列と言うのでしたね．このことから指数関数のテイラー展開を用いると

$$\begin{aligned} e^{At} &= \sum_{n=0}^{\infty} \frac{1}{n!}(At)^n = \sum_{n=0}^{\infty} \frac{t^n}{n!} P(P^{-1}AP)^n P^{-1} \\ &= P \sum_{n=0}^{\infty} \frac{t^n}{n!} \begin{pmatrix} \lambda & 0 \\ 0 & \mu \end{pmatrix}^n P^{-1} = P \sum_{n=0}^{\infty} \frac{1}{n!} \begin{pmatrix} t^n \lambda^n & 0 \\ 0 & t^n \mu^n \end{pmatrix} P^{-1} \\ &= P \begin{pmatrix} e^{t\lambda} & 0 \\ 0 & e^{t\mu} \end{pmatrix} P^{-1}. \end{aligned}$$

したがって，

$$P^{-1}\boldsymbol{x}(t) = \begin{pmatrix} e^{\lambda t} & 0 \\ 0 & e^{\mu t} \end{pmatrix} P^{-1}\boldsymbol{x}_0.$$

さらに，$\boldsymbol{y} = P^{-1}\boldsymbol{x} = \begin{pmatrix} y_1 \\ y_2 \end{pmatrix}$ と座標変換すれば，解は

$$\boldsymbol{y}(t) = \begin{pmatrix} e^{\lambda t} & 0 \\ 0 & e^{\mu t} \end{pmatrix} \boldsymbol{y}_0$$

であることがわかります．このことは $\boldsymbol{y}$ に関するもともとの微分方程式が

$$\frac{d\boldsymbol{y}}{dt} = \begin{pmatrix} \lambda & 0 \\ 0 & \mu \end{pmatrix} \boldsymbol{y}$$

すなわち，

$$\begin{aligned} \frac{dy_1}{dt} &= \lambda y_1 \\ \frac{dy_2}{dt} &= \mu y_2 \end{aligned}$$

と2つのばらばらの1次元線形微分方程式に分解できて，それらの解は

$$\begin{aligned} y_1(t) &= e^{\lambda t} y_0(0) \\ y_2(t) &= e^{\mu t} y_2(0) \end{aligned}$$

であることを示しているにすぎません．すなわち，基底の変換行列 P を用いて，ベクトル $\boldsymbol{x}$ を $\boldsymbol{y}$ と表すように変換すれば，微分方程式が容易に解けること

がわかります．それと同時に，行列の指数関数による形式的に表した解が正しい解であることが示されたわけです．

とはいうものの，この具体的な解 $e^{At}\boldsymbol{x}_0$ を見ても，この解がどのような振る舞いをするのかは見えてこないのではないでしょうか．

解の振る舞いを見るには，固有ベクトルが2つある場合には

$$\frac{dy_1}{dt} = \lambda y_1$$
$$\frac{dy_2}{dt} = \mu y_2$$

を考えればよいことになりました．1次元のまとめを思い出せば，λ が正の値のときには $t \to \infty$ で固有値 λ の固有方向の無限大に去っていき，負の値のときには0に近づくはずです．μ についても同じことが言えます．そこで，解の振る舞いがどのようになっているかを見るために，微分方程式を分類しておきましょう．

対角化できる場合にはこれらを固有値 λ と μ の形で分類すると λ または μ が0に等しい場合には1次元の場合に還元できますから，それらを除くと

- λ, μ が実数のとき
  - $\lambda, \mu > 0$
  - $\lambda > 0 > \mu$
  - $\lambda, \mu < 0$
- λ, μ が複素数のとき
  - λ, μ の実部が正のとき
  - λ, μ の実部が負のとき
  - λ, μ の実部が0のとき

の場合があり，対角化できない場合は，固有値 λ は1つだけなのでジョルダン標準形 $\begin{pmatrix} \lambda & 1 \\ 0 & \lambda \end{pmatrix}$ を用いると，微分方程式は

$$\frac{dx_1}{dt} = \lambda x_1 + x_2$$
$$\frac{dx_2}{dt} = \lambda x_2$$

となり，これらには

- $\lambda > 0$
- $\lambda < 0$
- $\lambda = 0$

の場合があります．

3.3　ベクトル場，解を目で見よう

$\frac{d\boldsymbol{x}}{dt}$ は何を表しているかを考えてみましょう．これは位置の微分ですから速度を表すはずです．すなわち，位置 $\boldsymbol{x}$ における速度ベクトルを表しています．点はその速度の方向に動くはずですから，軌跡はこの速度ベクトルに接しているはずです．逆に，速度ベクトルを描けば，それらを接線とする曲線こそ解の軌跡となるということがわかります．実際にやってみましょう．

固有値が2つとも正の場合に，各点から速度ベクトルを生やしてやると図 3.3 のようになります．実際に解の軌道は図 3.4 のようになります．この2つを重ねると図 3.5 のようにベクトル場のベクトルが解の接線になり，$t \to \infty$ で，解が無限大に飛び去っていくことが視覚的にわかるでしょう．解は原点から遠ざかって行きますから，原点は**不安定結節点**と呼ばれます．

反対に固有値が2つとも負の場合に，各点から速度ベクトルを生やしてやると図 3.6，図 3.7，図 3.8 のようになります．この図を見れば $t \to \infty$ で，解が0に近づいていくことがわかります．この場合，解は原点に近づいてきますので，原点は**安定結節点**と呼ばれます．

ちょっと複雑なのは固有値が1つは正，もう1つは負の場合です．この場合に，各点から速度ベクトルを生やしてやると，図 3.9，図 3.10，図 3.11 のようになります．この場合にも正の固有値の固有ベクトル方向では $t \to \infty$ で無限大に，負の固有値の固有ベクトル方向では $t \to \infty$ では0に収束することがわかります．この場合，解を表す曲線を等高線とみなすと馬の鞍のように見えることから，原点は**鞍状点**と呼ばれます．

残ったのは固有値が複素数になる場合です．固有値が複素数になる場合は行列 A が実行列であることから，固有ベクトルも複素数になります．そこで，対

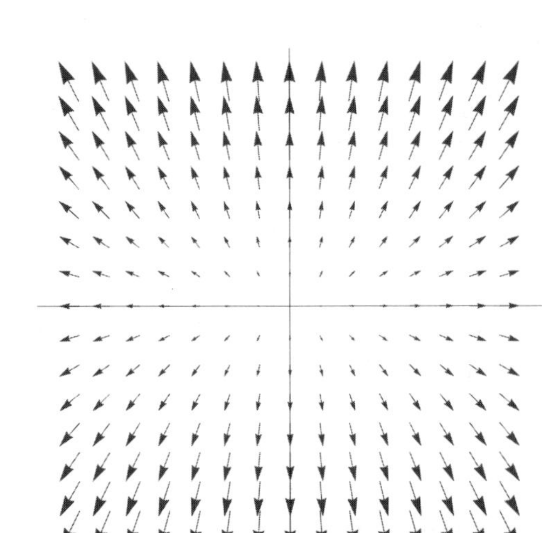

図 3.3　固有値が2つとも正の場合，不安定結節点

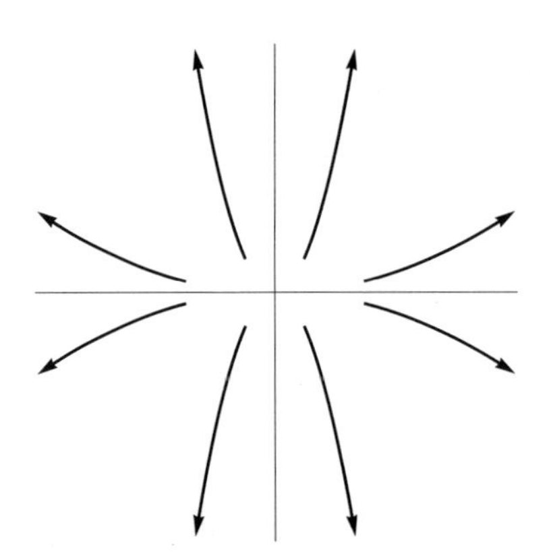

図 3.4　固有値が2つとも正の場合，解曲線

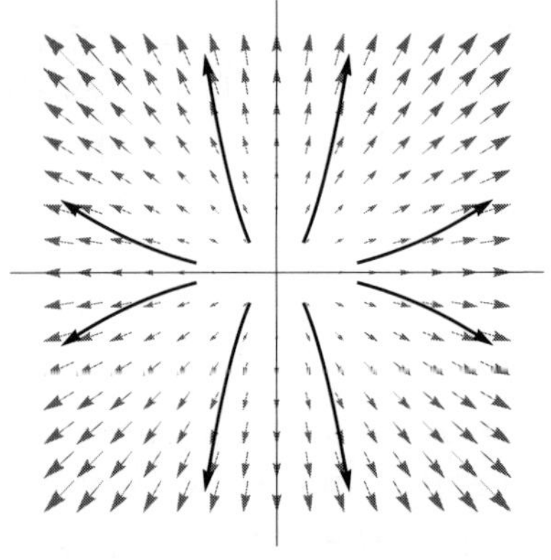

図 3.5　ベクトル場と解曲線

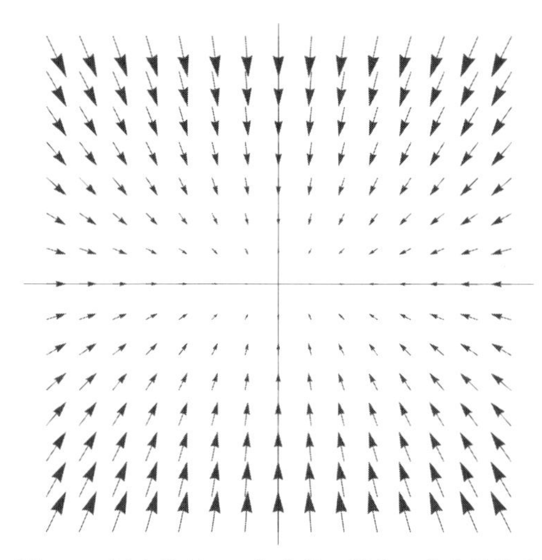

図 3.6　固有値が 2 つとも負の場合，安定結節点

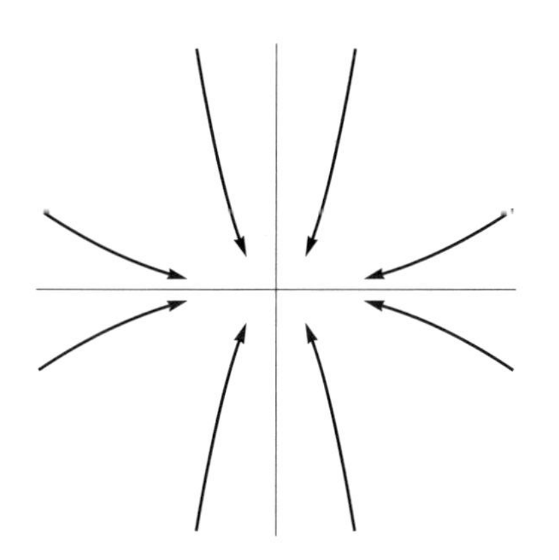

図 3.7　固有値が 2 つとも負の場合，解曲線

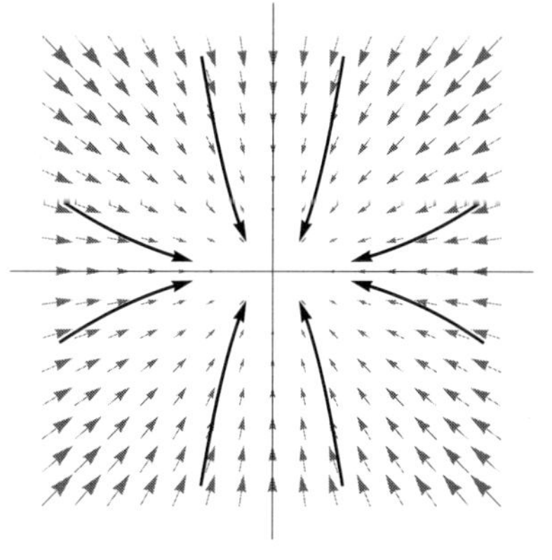

図 3.8　ベクトル場と解曲線

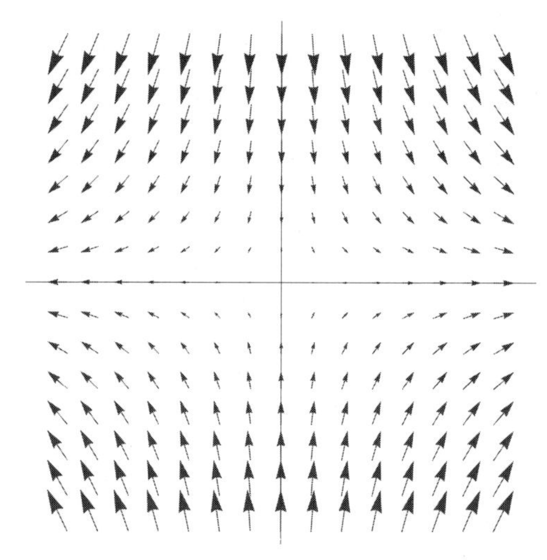

図 3.9　固有値が1つは正，もう1つは負の場合，鞍状点

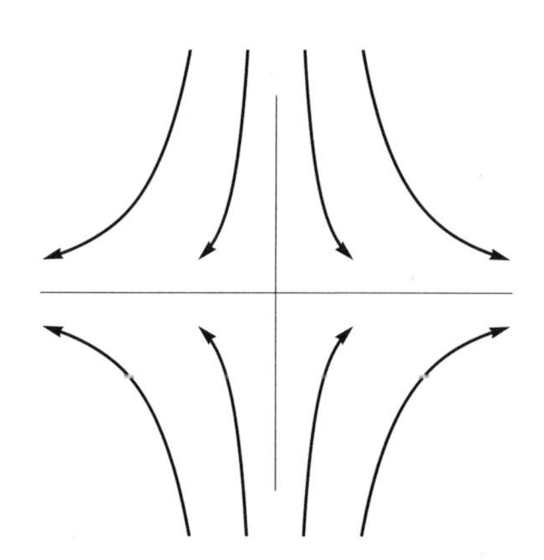

図 3.10　固有値が正と負の場合，解曲線

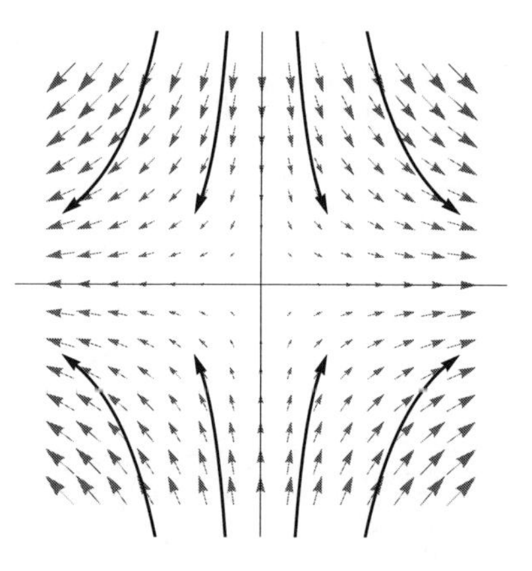

図 3.11　ベクトル場と解曲線

角化するのではなく別の変換を考えてみましょう．複素数の場合には，実行列の固有値は共役複素数になることに注意すると，対角化すれば

$$P^{-1}AP = \begin{pmatrix} a+ib & 0 \\ 0 & a-ib \end{pmatrix}$$

の形になります．これでは実数の空間に図を描くわけにはいきません．そこで，さらに

$$U = \begin{pmatrix} \frac{1}{\sqrt{2}} & \frac{i}{\sqrt{2}} \\ \frac{i}{\sqrt{2}} & \frac{1}{\sqrt{2}} \end{pmatrix}$$

とおいて，これを左右からかければ

$$U^{-1}P^{-1}APU = \begin{pmatrix} a & -b \\ b & a \end{pmatrix}$$

となります．

$$\begin{pmatrix} X \\ Y \end{pmatrix} = U^{-1}P^{-1}\begin{pmatrix} x \\ y \end{pmatrix}$$

とおくと，微分方程式は

$$\frac{d}{dt}\begin{pmatrix} X \\ Y \end{pmatrix} = \begin{pmatrix} a & -b \\ b & a \end{pmatrix}\begin{pmatrix} X \\ Y \end{pmatrix}$$

となるので，さらに，$X = r\cos\theta, Y = r\sin\theta$ とおいて

$$aX - bY = \frac{dX}{dt} = \cos\theta\frac{dr}{dt} - r\sin\theta\frac{d\theta}{dt}$$
$$bX + aY = \frac{dY}{dt} = \sin\theta\frac{dr}{dt} + r\cos\theta\frac{d\theta}{dt}$$

を解くと

$$\frac{dr}{dt} = ar$$
$$\frac{d\theta}{dt} = b$$

となります．これは容易に解けて，初期値を $r(0) = r_0,\ \theta(0) = \theta_0$ とすると

$$r(t) = r_0 e^{at}$$
$$\theta(t) = \theta_0 + bt$$

となります．つまり，同じ角速度でぐるぐる回り，$a > 0$ ならば外へ出ていき（**不安定渦状点**），$a < 0$ ならば原点に近づいていく（**安定渦状点**）ことがわかります．$a = 0$ ならば同じ半径 r_0 の円上を回ることになります（**渦心点**）．このことを，ベクトル場を描いて目で確認しましょう．

b の符号は新しい座標系のとり方で決まりますので，$b > 0$ の場合の図を図 3.12 から図 3.17 に描きました．

最後に特殊なジョルダン標準形の場合を見てみましょう．$A = \begin{pmatrix} \lambda & 1 \\ 0 & \lambda \end{pmatrix}$ の場合には，$\lambda \neq 0$ ならば

$$\begin{aligned} e^{At} &= \sum_{n=0}^{\infty} \frac{1}{n!} \begin{pmatrix} \lambda & 1 \\ 0 & \lambda \end{pmatrix}^n t^n \\ &= \sum_{n=0}^{\infty} \frac{1}{n!} \begin{pmatrix} \lambda^n & n\lambda^{n-1} \\ 0 & \lambda^n \end{pmatrix} t^n \\ &= \begin{pmatrix} e^{\lambda t} & te^{\lambda t} \\ 0 & e^{\lambda t} \end{pmatrix} \end{aligned} \tag{3.1}$$

になることに注意しておきましょう．こうしてベクトル場の図を描くと固有値が正の場合は図 3.18，固有値が負の場合には図 3.19 のようになります．

3.3.1　物理モデルのベクトル場

ニュートンの運動方程式をベクトル場に表し，その振る舞いを目で見ることにしましょう．運動方程式は $F = ma$，すなわち

$$m\frac{d^2x}{dt^2} = F$$

という 2 階のベクトル方程式なので，このままでは位置を表す x だけでは表現できません．そこで，速度も考慮に入れて (x, v) を 1 点と考えることにします．この位置と速度を組み合わせた空間を**相空間**と言います．一般に質点が N 個

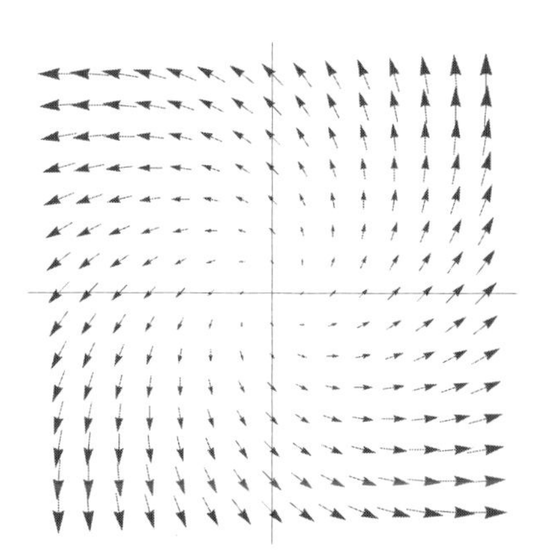

図 3.12 固有値の実部が正の場合，不安定渦状点

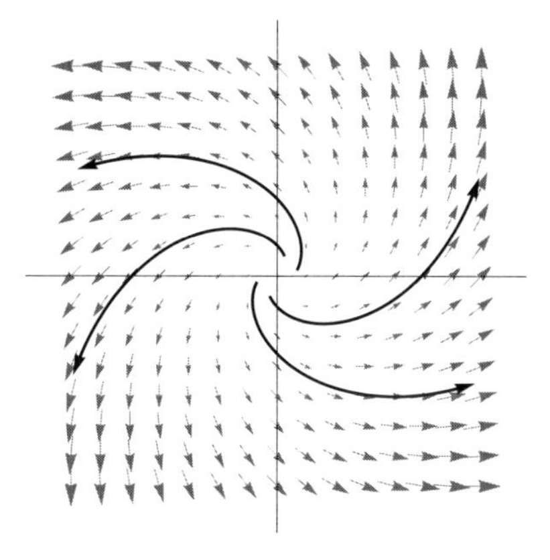

図 3.13 ベクトル場と解曲線

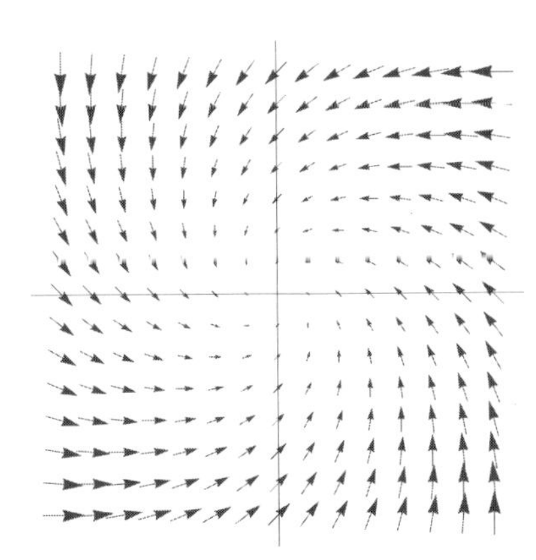

図 3.14 固有値の実部が負の場合，不安定渦状点

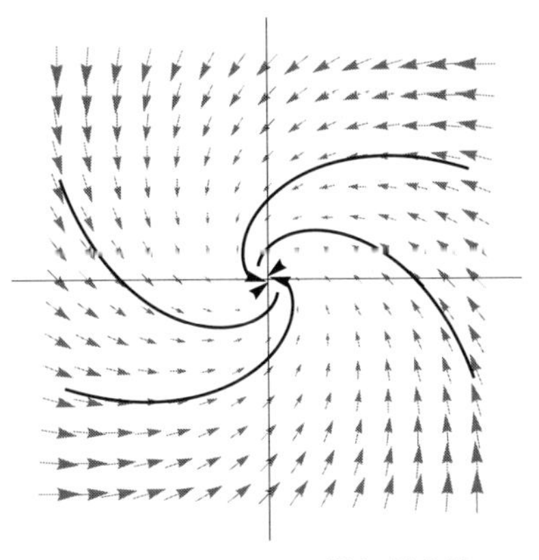

図 3.15 ベクトル場と解曲線

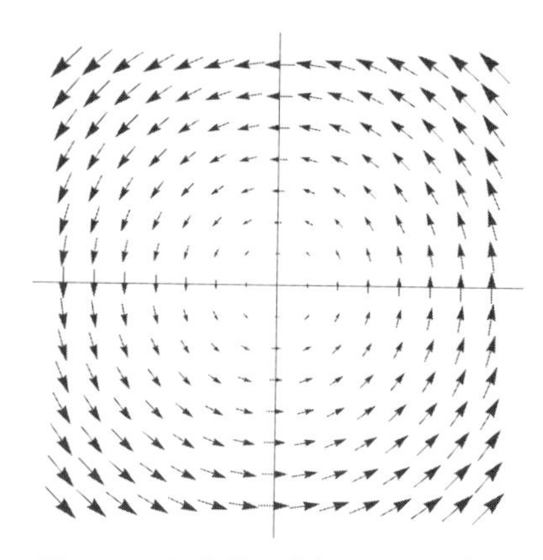

図 3.16　固有値の実部が 0 の場合，渦心点

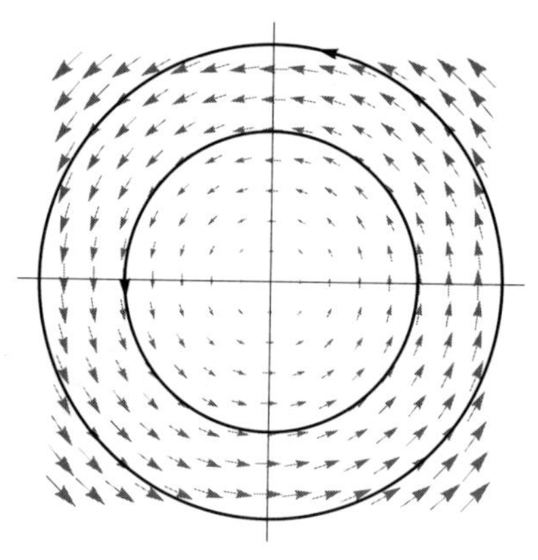

図 3.17　ベクトル場と解曲線

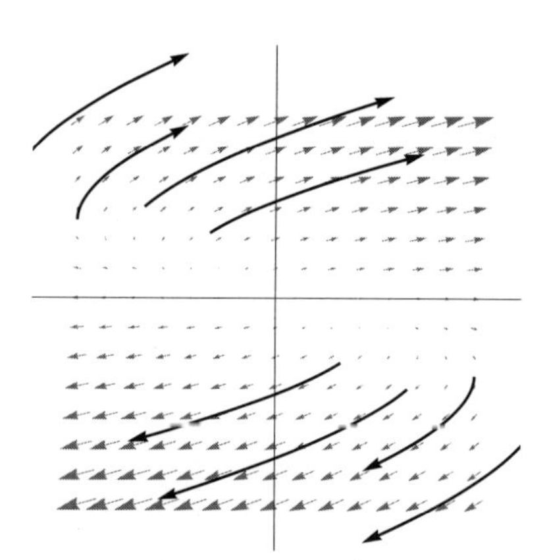

図 3.18　ジョルダン標準形，固有値が正の場合，不安定結節点

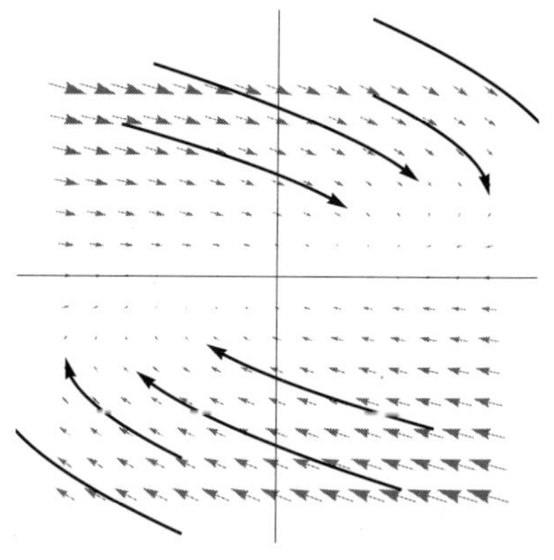

図 3.19　ジョルダン標準形，固有値が負の場合，安定結節点

あるときには，位置の座標が $3N$ 次元，速度の次元が $3N$ 次元ありますので，相空間はあわせて $6N$ 次元の空間ということになります．加速度は力で定まることから，この空間の1点を初期値とする微分方程式は1つの曲線を描くことがわかります．

例 3.1（質点の落下）　前の章で既に解を得ていますが，微分方程式は

$$\frac{dx}{dt} = v$$
$$m\frac{dv}{dt} = -mg$$

とも表せますので，相空間上の (x, v) における解の向かう方向は $(v, -g)$ であることから，そのベクトル場は図 3.20 のように表せます．相空間の点 (x, v) から生えているベクトルは，相空間の点の運動の「速度」とみなせると言いましたが，ここでの「速度」は質点 x の運動における本来の意味での速度 v とは異なることに注意しましょう．縦軸が速度ですから，速度が0になる点が最高到達点であることがよくわかります．

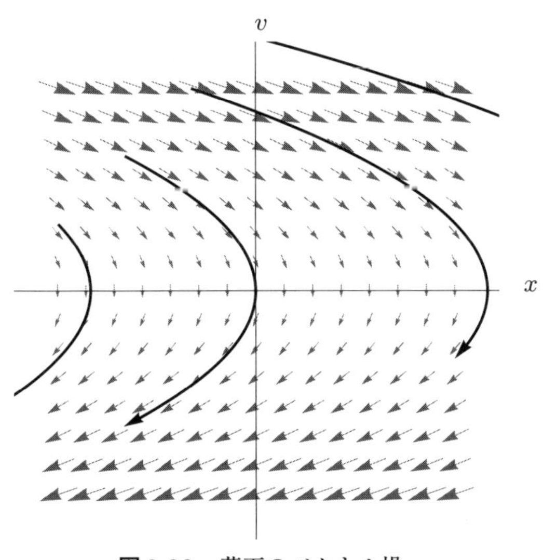

図 3.20　落下のベクトル場

例 3.2（バネの運動）　バネは伸ばされると縮む方向に力が加わり，縮められると伸ばす方向に力が加わります．バネの自然の位置からの長さを x とすると，ある定数 k（フックの定数）が存在して

$$F = -kx$$

であることがわかります．再び相空間に表現すると

$$\frac{dx}{dt} = v$$
$$m\frac{dv}{dt} = -kx$$

とも表せます．これは

$$A = \begin{pmatrix} 0 & 1 \\ -k/m & 0 \end{pmatrix}$$

の線形な微分方程式であることがわかります．この固有値は $\pm i\sqrt{\frac{k}{m}}$ ですので，渦心点（図 3.16 および図 3.17）になります．つまり，運動は周期的な軌道を描くことがわかります．$x(t) = \cos\sqrt{\frac{k}{m}}t$ または $x(t) = \sin\sqrt{\frac{k}{m}}t$ が解になることは代入してみるとわかるので，一般的にはそれらの線形和

$$x(t) = a\cos\sqrt{\frac{k}{m}}t + b\sin\sqrt{\frac{k}{m}}t = \sqrt{a^2+b^2}\sin\Bigl(\sqrt{\frac{k}{m}}t + \alpha\Bigr)$$

の形をしていることになります．このことから，この運動は周期 $2\pi\sqrt{\frac{m}{k}}$ になります．

例 3.3（振り子）　振り子もバネと同様に周期運動をすることが知られています．それを確かめましょう．振り子の長さを l，振り子が垂直線となす角を θ で表します．振り子の先端の質量 m の質点は下向きに mg の力を受けます．そのうち，$mg\cos\theta$ は振り子のひもを引っ張る力となり，それは振り子の支持点に伝わり，作用反作用の法則により消えます．残った $mg\sin\theta$ が振り子と垂直の方向へと向かわせる力となります．振り子の先端の速度は $\frac{dl\theta}{dt} = l\frac{d\theta}{dt}$ であることに注意すると

$$l\frac{d\theta}{dt} = v$$

$$m\frac{dv}{dt} = -mg\sin\theta$$

を得ます．振り子の振れ幅が小さいときには $\sin\theta$ は θ と等しいとみなせますから，その場合，方程式は

$$l\frac{d\theta}{dt} = v$$
$$\frac{dv}{dt} = -g\theta$$

となって

$$A = \begin{pmatrix} 0 & 1/l \\ -g & 0 \end{pmatrix}$$

の線形な微分方程式になり，固有値は $\pm i\sqrt{\frac{g}{l}}$ の渦心点になり，その周期は $2\pi\sqrt{\frac{l}{g}}$ となります．

でも，$\sin\theta$ のままでベクトル場を描いてみると様子が違うことがわかります (図 3.21)．この解を描いてみると図 3.22 のようになります．

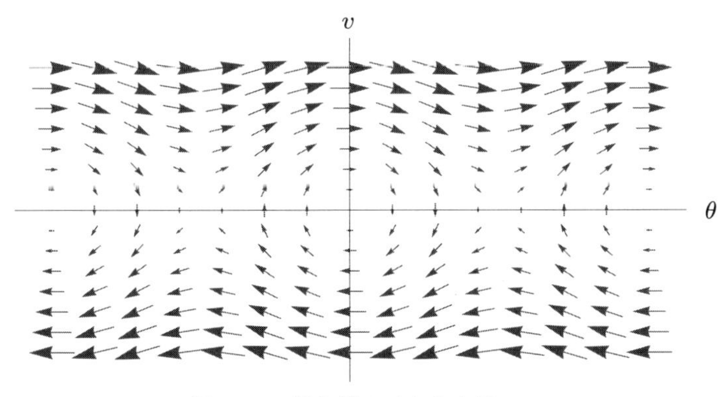

図 3.21　振り子のベクトル場

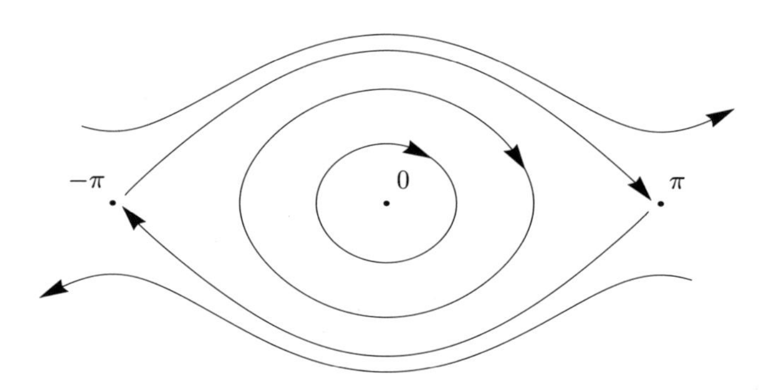

図 3.22　相空間における振り子の運動

確かに，θ が 0 に近いところでは円運動をしているようには見えますが，θ が大きくなると波を打つ運動になります．その間に $(-\pi, 0)$ から出発し $(\pi, 0)$ に入る軌道と，$(\pi, 0)$ から出発し $(-\pi, 0)$ に入る軌道があるのが見えないでしょうか．この軌道を**セパラトリックス**と言います．現実の世界では，逆立ちしていた振り子が何かの拍子にゆっくりと動き出し，スピードを増していき，鉛直方向に到ってからは徐々に速度を落として，また逆立ちをして止まることになります．出発してから止まるまでの時間は無限大です．セパラトリックスの外側で波を打つ運動は鉄棒競技で見る大車輪です．振り子のように解を簡単には具体的に表せない場合でも，その振る舞いはベクトル場を見ることで理解できるのです．

3.3.2　もっといろいろな微分方程式を見よう

一般的に

$$\frac{dx}{dt} = f(x, y)$$
$$\frac{dy}{dt} = g(x, y)$$

を考えてみましょう．初期値 $(x(0), y(0)) = (x_0, y_0)$ において，f と g をテイラー展開しましょう．簡単にするため

$$a = \frac{\partial f}{\partial x}(x_0, y_0), \quad b = \frac{\partial f}{\partial y}(x_0, y_0), \quad c = \frac{\partial g}{\partial x}(x_0, y_0), \quad d = \frac{\partial g}{\partial x}(x_0, y_0)$$

とおくと

$$
\begin{aligned}
f(x,y) &= f(x_0,y_0) + a(x-x_0) + b(y-y_0) + \cdots \\
g(x,y) &= g(x_0,y_0) + c(x-x_0) + d(y-y_0) + \cdots
\end{aligned}
$$

と表せます．(x,y) が (x_0,y_0) に十分近いとすれば，さらに簡略化できて

$$
\begin{aligned}
f(x,y) &= f(x_0,y_0) + \cdots \\
g(x,y) &= g(x_0,y_0) + \cdots
\end{aligned}
$$

と表して，方程式は

$$
\begin{aligned}
\frac{dx}{dt} &= f(x_0,y_0) \\
\frac{dy}{dt} &= g(x_0,y_0)
\end{aligned}
$$

とみなせるので，解は

$$
\begin{aligned}
x(t) &= x_0 + f(x_0,y_0)t \\
y(t) &= y_0 + g(x_0,y_0)t
\end{aligned}
$$

となって，解は直線的に動き，さらに初期値を動かしても解は動かす前の解と平行に近いことが想像できます．

$$
f(x_0,y_0) = g(x_0,y_0) = 0
$$

となる点では様子が異なります．この場合には１回微分した項が主役になり，微分方程式は

$$
\begin{aligned}
\frac{dx}{dt} &= a(x-x_0) + b(y-y_0) \\
\frac{dy}{dt} &= c(x-x_0) + d(y-y_0)
\end{aligned}
$$

に近いことがわかるので，$u = x - x_0$, $v = y - y_0$ とおけば，

$$
\begin{aligned}
\frac{du}{dt} &= au + bv \\
\frac{dv}{dt} &= cu + dv
\end{aligned}
$$

と線形の微分方程式になります．このような (x_0, y_0) を**特異点**と呼び，その近くでの解の振る舞いは前の節で分類した形になります．線形の微分方程式の場合には原点 $(0,0)$ のみが特異点になります．特異点以外は単純な平行線に近い形のはずですから，特異点での振る舞いを見れば全体の振る舞いがわかるはずです．

例 3.4（ロトカ・ボルテラの方程式） 有名な生物のモデルです．2種類の生物しかいない状況を考えます．y は捕食生物，例えばカマキリとします．x は捕食生物に食われる生物（被捕食生物），例えばバッタとしましょう．カマキリはバッタがいなければ共食いをして絶滅してしまいます．バッタはカマキリに食べられて減ってしまいます．それを方程式に表すと，もっとも簡単な定数の場合には

$$\frac{dx}{dt} = x - xy$$
$$\frac{dy}{dt} = -y + xy$$

と表せます．この特異点は $(0,0)$ と $(1,1)$ です．$(0,0)$ では xy の項を無視すると

$$\frac{dx}{dt} = x$$
$$\frac{dy}{dt} = -y$$

つまり，固有値が ± 1 の鞍状点になります．$(1,1)$ では，$u = x-1, v = y-1$ とおいて高次の項を無視すると

$$\frac{du}{dt} = -v$$
$$\frac{dv}{dt} = u$$

つまり，固有値が $\pm i$ の渦心点になります．これで解の振る舞いがわかったでしょうか．ベクトル場を描いてみるともっとよくわかります（図 3.23）．カマキリが少なければ，バッタは少なくても徐々に増加していきますが，それに伴いカマキリも増えていき，そのうち，バッタは徐々に減り出します．そして，あまりにもバッタが減ってしまうとカマキリも徐々に減って，もとの状態に

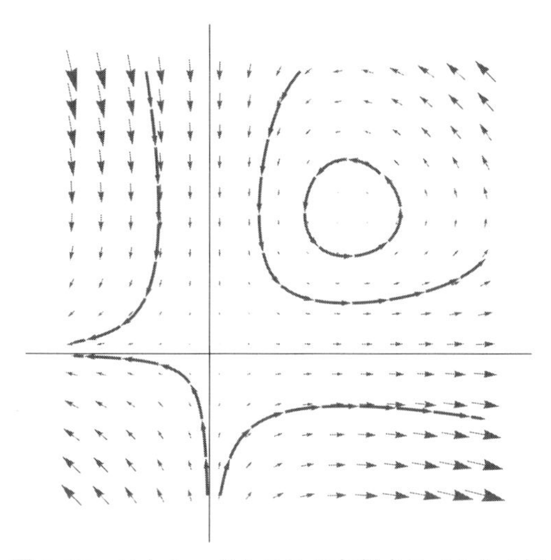

図 3.23 ロトカ・ボルテラの方程式のベクトル場

戻るという具合です．自然の摂理をうまく説明してくれたような気がしませんか．

特異点を見つけ，そこでの行列の固有値を見れば，その構造が概ねわかるように思われます．すなわち，局所的な振る舞いの全体がわかると，大局的な振る舞いもそれから導かれると考えたくなります．しかし，世の中そんなに甘くありません．その代表的な例をあげておきましょう．

例 3.5（ファンデルポル方程式）

$$\frac{dx}{dt} = y$$
$$\frac{dy}{dt} = \mu(1 - x^2)y - x$$

で表されるファンデルポル方程式を考えましょう．ベクトル場（図 3.24）ではちょっと見にくいですが，この微分方程式には極限周期軌道（リミットサイクル）があります．軌道を描いてみると，図 3.25 では内側からも外側からも周期軌道に巻きついていっていることがはっきりわかります．この極限周期軌道があるかどうかは，テイラー展開をして特異点を求めてもわからないのです．

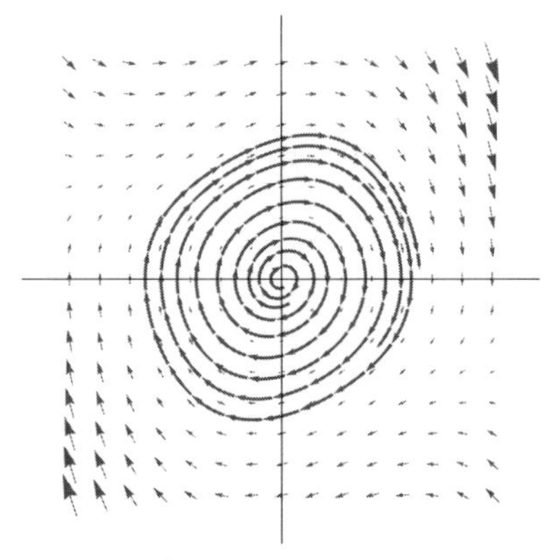

図 3.24　ファンデルポル方程式のベクトル場 ($\mu = 0.25$)

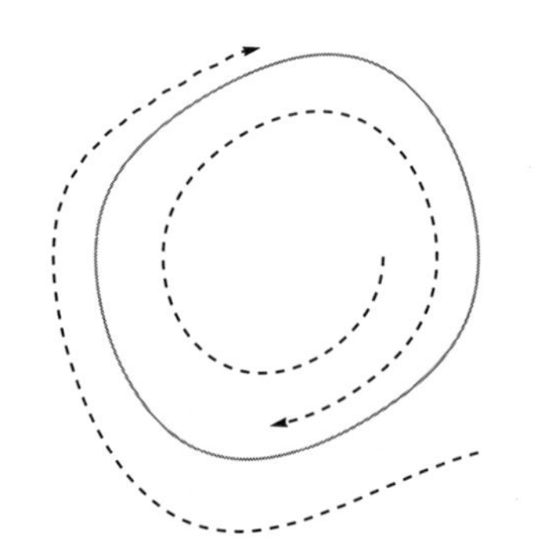

図 3.25　ファンデルポル方程式の軌跡 ($\mu = 0.25$)

テイラー展開でわかるのは局所的な振る舞いだけであり，全体的な挙動は局所的な構造だけでわかるとは限りません．とくに特異点から出た軌道が自分自身に戻ってくる場合（ホモクリニック）や他の特異点に入っていく場合（ヘテロクリニック）には，その軌道はとても複雑になります．自然界の複雑な振る舞いはこうした全体的な構造に由来するものが多くあります．

第4章

解ける微分方程式は解こう

微分方程式を解く方法を求積法と言います．一時代前にはさかんに研究されましたが，ほとんどの微分方程式は解くことができないことがわかってから，その研究は下火になりました．とはいえ，解けるものは解いた方がいいに決まっています．

4.1　変数分離形

$$\frac{dx}{dt} = g(t)h(x)$$

すなわち

$$\frac{dx}{h(x)} = g(t)\,dt$$

のように形式的に左辺は x のみ，右辺は t のみによる式に表せる場合を変数分離形と言います．ここで，dx や dt は何なのだなんて質問はしないことにしましょう．両辺を積分すれば

$$\int \frac{dx}{h(x)} = \int g(t)\,dt$$

は意味をもつ式になります．両辺が不定積分で与えられているので，積分定数が出てきますが，それは初期値によって求めることにしましょう．こうして陰関数の形ながら，このタイプの微分方程式を解くことができました．

もっとも簡単な例はマルサスの人口論（2.1.1項）のところで述べた

$$\frac{dx}{dt} = ax$$

という線形な場合です．これは

$$\frac{dx}{x} = a\,dt$$

と変形して積分をすれば

$$\log x = at + c$$

すなわち，両辺を指数関数の肩に乗せて

$$x(t) = Ce^{at}$$

が解になることは微分をすれば確かめられます．ここで，$C = e^c$ です．例えば，初期値 $x(0) = x_0$ が与えられている初期値問題では $C = x(0)$ になり，解は

$$x(t) = x(0)e^{at}$$

で与えられます．この一般形が，行列で解が与えられる線形微分方程式になります．

また，人口論のところで述べた

$$\frac{dx}{dt} = ax(1 - bx)$$

の一般形であるロジスティック方程式

$$\frac{dx}{dt} = ax(b - x)$$

をさらに一般形にした

$$\frac{dx}{dt} = (ax + b)(c - x)$$

も，変数分離形

$$\frac{dx}{(ax + b)(c - x)} = dt$$

ですから，両辺を積分して，初期値問題 $x(0) = x_0$ の解は

$$x(t) = \frac{(ax_0 + b)ce^{(b+ac)t} - b(c - x_0)}{(ax_0 + b)e^{(b+ac)t} + a(c - x_0)}$$

で与えられます．

例 4.1（爆発する解） 微分方程式の解は途中で爆発することもあります．

$$\frac{dx}{dt} = x^2$$

は変数分離形ですから，

$$\frac{dx}{x^2} = dt$$

を積分して

$$-\frac{1}{x} = t - c$$

すなわち

$$x = \frac{1}{c - t}$$

となります．この解は時刻 $t = c$ で爆発をしてしまいます．この他に恒等的に 0 の関数 $x(t) \equiv 0$ も解になります．

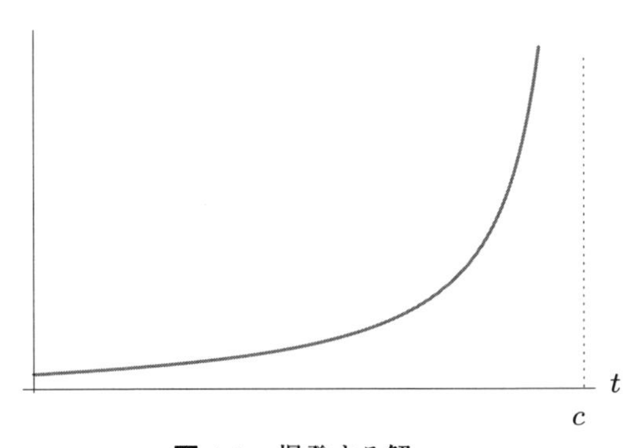

図 4.1　爆発する解

変数分離形に帰着できる微分方程式

$$\frac{dx}{dt} = f(ax + bt + c)$$

を考えましょう．$y = ax + bt + c$ とおくと

$$\frac{dy}{dt} = a\frac{dx}{dt} + b = af(y) + b$$

は

$$\frac{dy}{af(y) + b} = dt$$

と変数分離形に帰着できます．この他にも

$$t\frac{dx}{dt} = xf(tx)$$

の形も変数分離形に帰着できます．この場合は，$y = tx$ とおけば

$$\frac{dy}{dt} = x + t\frac{dx}{dt} = \frac{y}{t} + \frac{y}{t}f(y) = \frac{y + yf(y)}{t}$$

は

$$\frac{dy}{y + yf(y)} = \frac{dt}{t}$$

と変数分離形に帰着できます．

4.2　同次形

同次形とは

$$\frac{dx}{dt} = f\left(\frac{x}{t}\right)$$

の形をしている微分方程式です．

$$u = \frac{x}{t}$$

とおけば

$$\frac{du}{dt} = \frac{x't - x}{t^2} = \frac{f(u)t - tu}{t^2} = \frac{f(u) - u}{t}$$

となり，変数分離形

$$\frac{du}{f(u) - u} = \frac{dt}{t}$$

に帰着されます．したがって，その解は

$$\int \frac{du}{f(u) - u} = \log t + c$$

となり，この積分を求めてから，$u = \frac{x}{t}$ を代入することで，x を求めることができます．

例 4.2

$$\frac{dx}{dt} = \frac{t - x}{t + x}$$

の場合は

$$\frac{dx}{dt} = \frac{1 - x/t}{1 + x/t}$$

と変形すれば同次形であることがわかります．つまり，

$$f(u) = \frac{1 - u}{1 + u}$$

ですから，解の式に代入すると

$$\int \frac{(1 + u)du}{1 - u - u(1 + u)} = \log t + c.$$

この左辺は

$$-\int \frac{1 + u}{u^2 + 2u - 1}\, du = -\frac{1}{2} \log |u^2 + 2u - 1|$$

となります．したがって

$$(u^2 + 2u - 1)t^2 = C$$

を得ますが，これをもとに戻すと

$$x^2 + 2xt - t^2 = C$$

と陰関数の形ですが，解を求めることができました．

4.3　完全微分方程式

微分方程式

$$\frac{dy}{dx} = -\frac{P(x,y)}{Q(x,y)}$$

は変形すると

$$P(x,y) + Q(x,y)\frac{dy}{dx} = 0$$

となり，さらに進んで，形式的に

$$P(x,y)\,dx + Q(x,y)\,dy = 0$$

と表せます．関数 $u(x,y)$ が全微分可能であるとは

$$u(x,y) = u(a,b) + \frac{\partial u}{\partial x}(a,b)(x-a) + \frac{\partial u}{\partial y}(a,b)(y-b) + R(x,y)$$

と表すとき

$$\lim_{(x,y)\to(a,b)} \frac{R(x,y)}{\sqrt{(x-a)^2 + (y-b)^2}} = 0$$

をみたすことです．上の式と比較して

$$P(x,y) = \frac{\partial u}{\partial x}(x,y), \quad Q(x,y) = \frac{\partial u}{\partial y}(x,y)$$

をみたすときに，この微分方程式の解は全微分可能な $u(x,y) = c$ であることがわかります．u が C^2 級ならば，言い換えれば P と Q が C^1 級ならば

$$\frac{\partial^2 u}{\partial x \partial y} = \frac{\partial^2 u}{\partial y \partial x}$$

が成り立ちますから，

$$\frac{\partial P}{\partial y} = \frac{\partial Q}{\partial x} \tag{4.1}$$

をみたすことになります．ここで後述のグリーンの定理 7.2 を用います．C を単純閉曲線とするとき，C に囲まれた領域を D で表すと

$$\int_C P(x,y)\,dx + Q(x,y)\,dy = \int_D \left(\frac{\partial Q}{\partial x} - \frac{\partial P}{\partial y}\right) dxdy$$

が成り立ちます．式 (4.1) が成り立つと

$$\int_C P(x,y)\,dx + Q(x,y)\,dy = 0$$

すなわち，線積分は経路によらないことがわかります．この形の微分方程式

$$P(x,y)\,dx + Q(x,y)\,dy = 0$$

を**完全微分形**と言います．線積分は経路によらないことを用いれば u を求めることができます．C を (x_0, y_0) と (x, y) を結ぶ任意の曲線として，

$$u(x,y) - u(x_0,y_0) = \int_C P(x,y)\,dx + Q(x,y)\,dy$$

とおけば，仮定よりこの線積分は経路 C によらないし

$$\frac{\partial u}{\partial x}(x,y) = P(x,y), \quad \frac{\partial u}{\partial y}(x,y) = Q(x,y)$$

をみたすことがわかります．そこで，特別な経路

$$(x_0, y_0) \to (x, y_0) \to (x, y)$$

を C ととれば

$$u(x,y) = u(x_0,y_0) + \int_{x_0}^{x} P(\xi, y_0)\,d\xi + \int_{y_0}^{y} Q(x, \eta)\,d\eta$$

ですし，

$$(x_0, y_0) \to (x_0, y) \to (x, y)$$

を C ととれば

$$u(x,y) = u(x_0,y_0) + \int_{x_0}^{x} P(\xi, y)\,d\xi + \int_{y_0}^{y} Q(x_0, \eta)\,d\eta$$

を得ます．$u(x_0, y_0)$ は初期値から求めればよいことになります．

積分因子　微分方程式

$$P(x,y)\,dx + Q(x,y)\,dy = 0$$

自体は完全微分形になっていなくても，$M(x,y)$ をかけた

$$M(x,y)P(x,y)\,dx + M(x,y)Q(x,y)\,dy = 0$$

が完全微分形になるとき，M を**積分因子**と言います．

変数分離形

$$\frac{dy}{dx} = g(x)h(y)$$

は

$$g(x)\,dx - \frac{1}{h(y)}\,dy = 0$$

と書き直せば，

$$P(x,y) = g(x), \quad Q(x,y) = -\frac{1}{h(y)}$$

ですから

$$\frac{\partial P}{\partial y} = 0 = \frac{\partial Q}{\partial x}$$

により完全微分形であることがわかります．

また，線形の微分方程式

$$\frac{dy}{dx} + f(x)y - g(x)$$

は

$$(f(x)y - g(x))\,dx + dy = 0$$

としても一般には完全微分形ではありませんが

$$M(x) = e^{\int f(x)\,dx}$$

ととると

$$e^{\int f(x)\,dx}(f(x)y - g(x))\,dx + e^{\int f(x)\,dx}dy = 0$$

は

$$P(x,y) = e^{\int f(x)\,dx}(f(x)y - g(x)), \quad Q(x,y) = e^{\int f(x)\,dx}$$

となりますから

$$\frac{\partial P}{\partial y} = e^{\int f(x)\,dx}f(x)$$
$$\frac{\partial Q}{\partial x} = e^{\int f(x)\,dx}f(x)$$

により $M(x)$ を積分因子にもつ完全微分形になります.

例 4.3　逆の発想で微分方程式を作りましょう.

1. 同心円を解の集合とする微分方程式を作りましょう. それには $u(x,y) = x^2 + y^2$ とおいて, $u(x,y) = c$ をみたす (x,y) が解になればいいわけです. そのためには

$$P(x,y) = \frac{\partial u}{\partial x} = 2x, \quad Q(x,y) = \frac{\partial u}{\partial y} = 2y$$

とおけば, 完全微分方程式

$$2x\,dx + 2y\,dy = 0$$

が導けます. 実際, $x^2 + y^2 = c$ を x で微分すれば

$$2x + 2y\frac{dy}{dx} = 0 \quad \text{すなわち} \quad 2x\,dx + 2y\,dy = 0$$

をみたします.

2. 直角双曲線を解の集合とする微分方程式の場合は $u(x,y) = xy$ とすればよいのです. そうすれば

$$P(x,y) = \frac{\partial u}{\partial x} = y, \quad Q(x,y) = \frac{\partial u}{\partial y} = x$$

ですから，完全微分方程式

$$y\,dx + x\,dy = 0$$

が得られます．

4.4　定数変化法

この節では，簡単な形の1階の微分方程式

$$\frac{dx}{dt} + a(t)x = b(t)$$

を考えましょう．この $b(t)$ を除いた方程式

$$\frac{dx}{dt} + a(t)x = 0$$

は**斉次形**と言います．そしてもとのタイプの方程式を**非斉次形**と言います．斉次形のタイプの微分方程式は1階の線形微分方程式とも言います．実際，x_1, x_2 を上の方程式の解とすると

$$\frac{d(x_1 + x_2)}{dt} = \frac{dx_1}{dt} + \frac{dx_2}{dt} = -a(t)(x_1 + x_2)$$

および，定数 λ について

$$\frac{d(\lambda x)}{dt} = \lambda\frac{dx}{dt} = -a(t)(\lambda x)$$

と解の和 $x_1 + x_2$ および定数倍 λx も解になりますから，解全体のなす空間が線形空間になっていることがわかります．これを解の重ね合わせと言います．これについては次の章で詳しく述べましょう．もとの式

$$\frac{dx}{dt} + a(t)x = b(t)$$

を解くには，強引に，初期条件なんかに構わず解を1つ作ります．これを**特殊解**と言います．x_1 としましょう．そして，斉次形の微分方程式の解を作ります．これを**一般解**と言います．この一般解にはパラメータが入っていますの

で，x_2^c と表して $x(t) = x_1(t) + x_2^c(t)$ を考えると

$$\begin{aligned}\frac{dx}{dt} &= \frac{d(x_1 + x_2^c)}{dt} \\ &= -a(t)x_1 + b(t) - a(t)x_2^c \\ &= a(t)(x_1 + x_2^c) + b(t) \\ &= a(t)x(t) + b(t)\end{aligned}$$

によって，非斉次形の方程式の解になっています．これが初期条件にあうようにパラメータ c を調整すればいいのです．

例 4.4

$$\frac{dx}{dt} + x = e^t$$

を解きましょう．斉次形は

$$\frac{dx}{dt} = -x$$

ですから，その解は

$$x_2^c(t) = ce^{-t}$$

です．じっと眺めれば

$$x_1(t) = \frac{1}{2}e^t$$

が特殊解になっていることがわかるはずです．このことから，初期条件 $x(0) = 1$ をみたすのは

$$c + \frac{1}{2} = 1$$

より，初期条件をみたす解は

$$x(t) = \frac{1}{2}(e^t + e^{-t})$$

であることがわかります．

一般に斉次形

$$\frac{dx}{dt} = -a(t)x$$

の一般解は

$$x(t) = c\exp\Bigl(-\int_0^t a(s)\,ds\Bigr)$$

です．実際

$$\frac{dx}{dt} = c\exp\Bigl(-\int_0^t a(s)\,ds\Bigr) \times (-a(t)) = -a(t)x$$

です．理屈はともあれ，この c を変数 $c(t)$ に置き換えてみましょう．微分方程式は解が求まれば勝ちです．

$$\begin{aligned}\frac{dx}{dt} &= c(t)\exp\Bigl(-\int_0^t a(s)\,ds\Bigr) \times (-a(t)) + c'(t)\exp\Bigl(-\int_0^t a(s)\,ds\Bigr)\\ &= -a(t)x + c'(t)\exp\Bigl(-\int_0^t a(s)\,ds\Bigr)\end{aligned}$$

ですから

$$b(t) = c'(t)\exp\Bigl(-\int_0^t a(s)\,ds\Bigr)$$

すなわち

$$c(t) = \int_0^t b(r)\exp\Bigl(\int_0^r a(s)\,ds\Bigr)\,dr + C$$

と求めることができます．初期値 $x(0) = x_0$ の非斉次方程式の解を具体的に表せば

$$\begin{aligned}x(t) &= x_0\exp\Bigl(-\int_0^t a(s)\,ds\Bigr)\\ &\qquad + \int_0^t b(r)\exp\Bigl(\int_0^r a(s)\,ds\Bigr)\,dr\,\exp\Bigl(-\int_0^t a(s)\,ds\Bigr)\end{aligned}$$

となります．この方法を**定数変化法**と言います．

例 4.5

$$\frac{dx}{dt} + x = e^t$$

を再び解きましょう．今度は定数変化法です．$a(t) = 1$, $b(t) = e^t$ ですから，解の式に初期値 $x_0 = 1$ を代入して

$$\begin{aligned} x(t) &= \exp\Bigl(-\int_0^t ds\Bigr) + \int_0^t e^r \exp\Bigl(\int_0^r ds\Bigr)\, dr \exp\Bigl(-\int_0^t ds\Bigr) \\ &= \frac{1}{2}(e^t + e^{-t}) \end{aligned}$$

によって解は求まりますが，証明した通りの方法で解いてみましょう．斉次形の解は

$$x(t) = ce^{-t}$$

ですから，

$$x(t) = c(t)e^{-t}$$

とおくと

$$\frac{dx}{dt} = -c(t)e^{-t} + c'(t)e^{-t}$$

となります．これより

$$b(t) = c'(t)e^{-t}$$

ゆえに $c'(t) = e^{2t}$ なので，$c(t) = \frac{1}{2}e^{2t} + C$ となります．このことから，解は

$$x(t) = \left(\frac{1}{2}e^{2t} + C\right)e^{-t} = \frac{1}{2}e^t + Ce^{-t}$$

であり，これに初期条件 $x(0) = 1$ を代入して

$$x(t) = \frac{1}{2}(e^t + e^{-t})$$

が再び出ます．

この議論は線形の微分方程式でのみ成り立ちます．例えば

$$\frac{dx}{dt} + x^2 = 1$$

を考えてみましょう．この斉次方程式

$$\frac{dx}{dt} = -x^2$$

は変数分離形ですから

$$-\frac{dx}{x^2} = dt$$

となり

$$\frac{1}{x} = t + c$$

一般解は

$$x(t) = \frac{1}{t+c}$$

です．特殊解として恒等的に1に等しい関数 $x(t) \equiv 1$ が考えられますから，この重ね合わせ

$$x(t) = \frac{1}{t+c} + 1$$

が解になるはずですが，

$$\frac{dx}{dt} = -\frac{1}{(t+c)^2} = -x^2$$

で非斉次方程式の解にはなっていません．その理由は，x_1, x_2 を斉次方程式の解とするとき

$$\begin{aligned}\frac{d(x_1+x_2)}{dt} &= \frac{dx_1}{dt} + \frac{dx_2}{dt}\\ &= -x_1^2 - x_2^2\\ &\neq -(x_1+x_2)^2\end{aligned}$$

と $x_1 + x_2$ が斉次方程式の解になっていないからです．言い換えれば，斉次方程式に線形でない項 x^2 が含まれていることがその理由です．

4.5　級数解法

級数解法とは，微分方程式の解をテイラー展開し，それぞれの係数を微分方程式と比較して定めようという方法です．具体的な例を見た方が早いでしょう．

例 4.6（ベッセルの微分方程式）

$$\frac{d^2x}{dt^2}+\frac{1}{t}\frac{dx}{dt}+\Big(1-\frac{m^2}{t^2}\Big)x=0 \tag{4.2}$$

を考えましょう．α を $a_0 \neq 0$ になるように選んで

$$x(t)=t^\alpha\sum_{n=0}^{\infty}a_nt^n$$

とおいてみましょう．微分すると

$$\begin{aligned}\frac{dx}{dt}&=\alpha t^{\alpha-1}\sum_{n=0}^{\infty}a_nt^n+t^\alpha\sum_{n=0}^{\infty}a_nnt^{n-1}\\&=t^\alpha\sum_{n=0}^{\infty}(\alpha+n)a_nt^{n-1}\\\frac{d^2x}{dt^2}&=\alpha t^{\alpha-1}\sum_{n=0}^{\infty}(\alpha+n)a_nt^{n-1}+t^\alpha\sum_{n=0}^{\infty}(\alpha+n)a_n(n-1)t^{n-2}\\&=t^\alpha\sum_{n=0}^{\infty}((\alpha+n)^2-\alpha-n)a_nt^{n-2}.\end{aligned}$$

これらを式 (4.2) に代入して

1. $t^{\alpha-2}$ の係数を見ると

$$(\alpha^2-m^2)a_0=0$$

なので $a_0 \neq 0$ より $\alpha=\pm m$ となります．以降，$\alpha=m$ としましょう．

2. $t^{\alpha-1}=t^{m-1}$ の係数を見ると

$$((m+1)^2-m^2)a_1=0$$

より，$a_1=0$ となります．

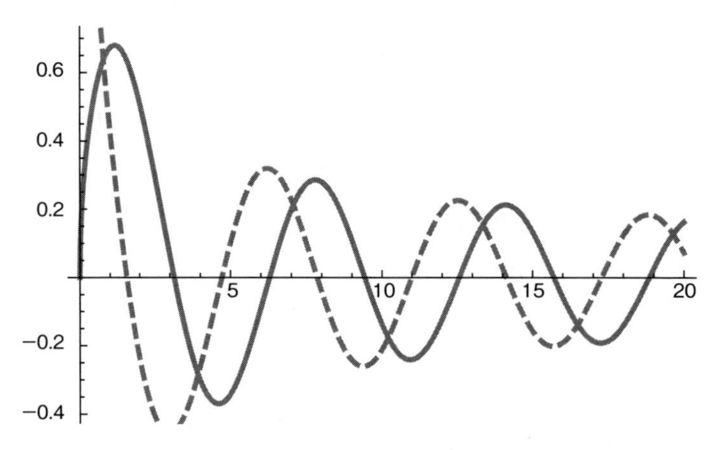

図 4.2　ベッセル関数，実線 $m=\frac{1}{2}$，破線 $m=-\frac{1}{2}$

3. $t^{\alpha+n}=t^{m+n}$ $(n \geq 0)$ の係数を見ると

$$((m+n+2)^2-m^2)a_{n+2}+a_n=0$$

が出ます．$a_1=0$ より奇数項の $a_{2n+1}=0$ $(n=1,2,3,\ldots)$ がわかりますし，帰納的に

$$a_{2n}=-\frac{a_{2n-2}}{2^2(m+n)n}=\cdots=\frac{(-1)^n a_0}{2^{2n}n!(m+n)(m+n-1)\cdots(m+1)}$$

が導けます．m が自然数でなくてもよいようにガンマ関数を用いると

$$a_{2n}=\frac{(-1)^n\Gamma(m+1)}{2^{2n}n!\Gamma(m+n+1)}a_0$$

と表せます．

$$a_0=\frac{1}{2^m\Gamma(m+1)}$$

と選んで，

$$a_{2n}=\frac{(-1)^n}{2^{2n+m}n!\Gamma(m+n+1)}$$

とした $x(t)$ を第1種**ベッセル関数**と呼びます（図 4.2）．

以下の例はいずれも量子力学に現れるシュレディンガー方程式と関係した重要な微分方程式です（7.3 節参照）.

例 4.7（エルミートの多項式）

$$\frac{d^2x}{dt^2} - 2t\frac{dx}{dt} + 2mx = 0$$

の解は

$$H_m(t) = (-1)^m e^{t^2} \frac{d^m}{dt^n} e^{-t^2} \quad (m = 0, 1, 2, \ldots)$$

ですが，$x(t) = a_0 + a_1 t + a_2 t^2 + \cdots$ とおいて，係数を求めることができます．この $H_m(t)$ が

$$\int_{-\infty}^{\infty} H_m(t) H_n(t) e^{-t^2}\, dt = \begin{cases} 0 & (m \neq n) \\ 2^n \sqrt{\pi} n! & (m = n) \end{cases}$$

をみたすことを確かめることができます．関数解析的に整理をすると，密度関数 e^{-t^2} をもつ測度を μ とおいて，$L^2((-\infty, \infty), \mu)$ の上で

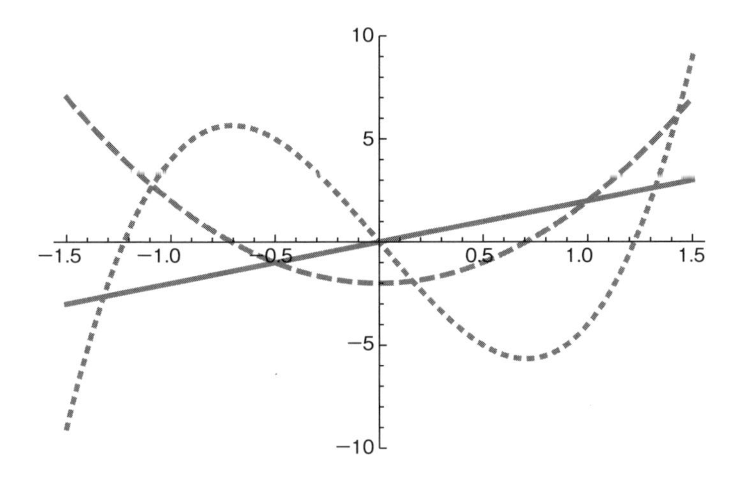

図 4.3　エルミート多項式（実線 $m = 1$，破線 $m = 2$，点線 $m = 3$）

$$\left\{\frac{1}{\sqrt{2m\sqrt{\pi}m!}}H_m\right\}$$

は正規直交基底になることを意味しています．具体的に求めると以下のようになります．

m	0	1	2	3	4	5
H_m	1	$2t$	$-2+4t^2$	$-12t+8t^3$	$12-48t^2+16t^4$	$120t-160t^3+32t^5$

以下の例でも級数で解を求めることができます．

例 4.8（ルジャンドルの多項式）

$$(1-t^2)\frac{d^2x}{dt^2}-2t\frac{dx}{dt}+m(m+1)x=0$$

の解は

$$P_m(t)=\frac{1}{2^m m!}\frac{d^m}{dt^m}(t^2-1)^m \quad (m=0,1,2,\ldots)$$

をみたし，さらに

$$\int_{-1}^{1}P_m(t)P_n(t)\,dt=\begin{cases}0 & (m\neq n)\\ \frac{2}{2n+1} & (m=n)\end{cases}$$

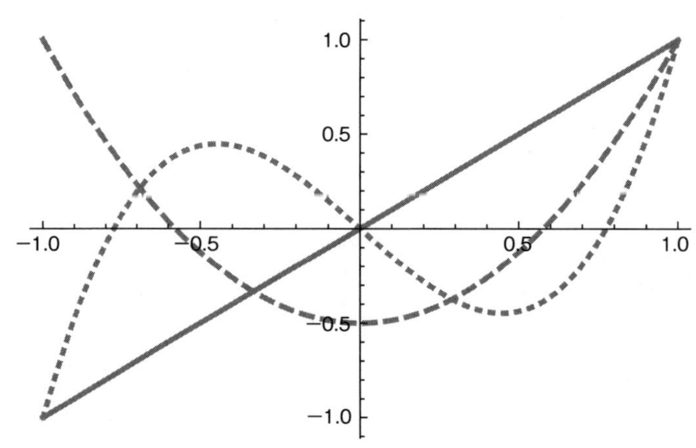

図 4.4　ルジャンドル多項式（実線 $m=1$，破線 $m=2$，点線 $m=3$）

をみたします．$[-1,1]$ のルベーグ測度を λ で表すと，これは $L^2([-1,1],\lambda)$ 上の直交基底を与えています．具体的に求めると以下のようになります．

m	0	1	2	3
P_m	1	t	$-\frac{1}{2}+\frac{3}{2}t^2$	$-\frac{3}{2}t+\frac{5}{2}t^3$

例 4.9（ラゲールの多項式）

$$(t\frac{d^2}{dx^2}+(1-t)\frac{d}{dx}+m)x=0$$

の解は

$$L_m(t)=e^t\frac{d^m}{dt^m}(t^me^{-t})\quad(m=0,1,2,\ldots)$$

により求まります．これは

$$\int_0^\infty L_m(t)L_n(t)e^{-t}\,dt=\begin{cases}0 & m\neq n\\ 1 & m=n\end{cases}$$

をみたしています．そして，密度関数 e^{-t} をもつ測度を μ とおいて，$L^2((0,\infty),\mu)$ の上で正規直交基底になることを意味しています．具体的に求めると以下のようになります．

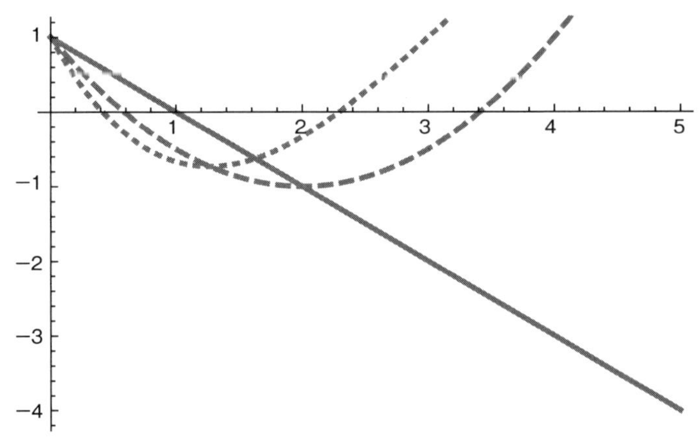

図 4.5　ラゲールの多項式（実線 $m=1$，破線 $m=2$，点線 $m=3$）

m	0	1	2	3
L_m	1	$1-t$	$1-2t+\frac{1}{2}t^2$	$1-3t+\frac{3}{2}t^2-\frac{1}{6}t^3$

4.6　ラプラス変換を用いる解法

$[0,\infty)$ を定義域とする関数 f について

$$\mathcal{L}f(s) = \int_0^\infty e^{-ts} f(t)\,dt$$

を f のラプラス変換 (Pierre-Simon Laplace, 1749–1827) と言います．この変換がすべての s について存在するとは限りませんので，すべての s で存在するように係数に虚数を入れたフーリエ変換

$$\int_{-\infty}^\infty e^{its} f(t)\,dt$$

はデジタル技術の基礎にもなっていて，解析学で重要な意味をもちます．フーリエ級数については 2.5.1 項で少し述べましたが，フーリエ変換の意義や応用について深く調べる余裕はこの本にはありません．この節ではなじみ深い実数を用いたラプラス変換を使って微分方程式を解いてみましょう．

4.6.1　ラプラス変換の性質

例えば次のような補題が成立します．

補題 4.1　1.　f が $|f(t)| < Me^{at}$ をみたすならば，そのラプラス変換は $s > a$ で存在する．

2.　$s = a$ で $|f|$ のラプラス変換が存在し，$b > a$ ならば，$s = b$ でラプラス変換は存在する．

証明.　1. $s > a$ ならば

$$\left|\int_0^R e^{-ts} f(t)\,dt\right| \le \int_0^R e^{-ts}|f(t)|\,dt$$
$$\le \int_0^R Me^{(a-s)t}\,dt \le \frac{M}{s-a}$$

ですから，広義積分の定義により，ラプラス変換が存在します．

2. $s = a$ で存在すると仮定すると

$$\left|\int_0^R e^{-bt} f(t)\, dt\right| \leq \int_0^R e^{-at} |f(t)| \times e^{-(b-a)t}\, dt$$
$$\leq \int_0^R e^{-at} |f(t)|\, dt$$

なので同様に収束します．したがって，b でラプラス変換が存在します． □

この章は微分方程式を解くことを考えていますので，ラプラス変換の理論的な面にはあまり立ち入らないことにしましょう．何と言っても，微分方程式は解らしいものが見つかれば後は微分をして正しい解か否かを確かめることができますから，何が何でも見つけてしまうことが大切です．

定理 4.1　ラプラス変換は線形作用素で，さらに次の式が成り立つ．

1. $\mathcal{L}f'(s) = s\mathcal{L}f(s) - f(0)$
2. $\mathcal{L}f^{(n)}(s) = s^n \mathcal{L}f(s) - \sum_{m=0}^{n-1} t^m f^{(n-1-m)}(0)$
3. $\mathcal{L}(\int_0^t f(u)\, du)(s) = \frac{1}{s}\mathcal{L}f(s)$
4. $\mathcal{L}(\int_0^t \int_0^{u_1} \cdots \int_0^{u_{n-1}} f(u_n)\, du_n \cdots du_1)(s) = \frac{1}{s^n}\mathcal{L}f(s)$
5. $\mathcal{L}(\int_0^t f(u) g(t-u)\, du)(s) = \mathcal{L}f(s) \times \mathcal{L}g(s)$
6. $\mathcal{L}(e^{at} f)(s) = \mathcal{L}f(s - a)$

証明．　定義より

$$\mathcal{L}(f+g)(s) = \mathcal{L}f(s) + \mathcal{L}g(s)$$

および

$$\mathcal{L}(\lambda f)(s) = \lambda \mathcal{L}f(s)$$

は明らかに成り立つので，ラプラス変換は線形作用素です．

1.　部分積分を用いると

$$\begin{aligned}\mathcal{L}f'(s) &= \int_0^\infty e^{-ts} f'(t)\,dt \\ &= \Big[e^{-ts} f(t)\Big]_0^\infty + s\int_0^\infty e^{-ts} f(t)\,dt \\ &= -f(0) + s\mathcal{L}f(s).\end{aligned}$$

2. 帰納法を用いると

$$\begin{aligned}\mathcal{L}f^{(n)}(s) &= s\mathcal{L}f^{n-1}(s) - \mathcal{L}f^{(n-1)}f(0) \\ &= s\Big(s^{n-1}\mathcal{L}f(t) - \sum_{m=0}^{n-1} s^m f^{(n-1-m)}(0)\Big) - f^{(n-1)}(0) \\ &= s^n\mathcal{L}f(t) - \sum_{m=0}^{n} s^m f^{(n-m)}(0).\end{aligned}$$

3. 積分の順序を入れ替えて

$$\begin{aligned}\mathcal{L}(\int_0^t f(u)\,du)(s) &= \int_0^\infty \Big(e^{-ts}\int_0^t f(u)\,du\Big)\,dt \\ &= \int_0^\infty \Big(\int_u^\infty e^{-ts}\,dt\Big) f(u)\,du \\ &= \int_0^\infty \frac{1}{s}e^{-su} f(u)\,du = \frac{1}{s}\mathcal{L}f(s).\end{aligned}$$

4. 再び帰納法から

$$g(u_1) = \int_0^{u_1} \cdots \int_0^{u_{n-1}} f(u_n)\,du_n \cdots du_2$$

とおくと

$$\begin{aligned}&\mathcal{L}(\int_0^t \int_0^{u_1} \cdots \int_0^{u_{n-1}} f(u_n)\,du_n \cdots du_1)(s) \\ &= \mathcal{L}(\int_0^t g(u_1)\,du_1)(s) = \frac{1}{s}\mathcal{L}g(s) = \frac{1}{s}\frac{1}{s^{n-1}}\mathcal{L}f(s) = \frac{1}{s^n}\mathcal{L}f(s).\end{aligned}$$

5. 畳み込み

$$\int_0^t f(u)g(t-u)\,du = (f*g)(t)$$

の記号を用いましょう．積分の順序を交換すると

$$\begin{aligned}\mathcal{L}(f*g)(s) &= \int_0^\infty e^{-ts}\left(\int_0^t f(u)g(t-u)\,du\right)dt \\ &= \int_0^\infty f(u)\left(\int_t^\infty e^{-ts}g(t-u)\,dt\right)du \\ &= \int_0^\infty f(u)e^{-us}\left(\int_0^\infty e^{-sy}g(y)\,dy\right)du \\ &= \mathcal{L}f(s)\times\mathcal{L}g(s).\end{aligned}$$

6. 最後に

$$\mathcal{L}(e^{at}f)(s) = \int_0^\infty e^{-ts}e^{at}f(t)\,dt = \int_0^\infty e^{-(s-a)t}f(t)\,dt = \mathcal{L}f(s-a).$$

で証明を終わります. □

具体的にラプラス変換を与えましょう.

定理 4.2 次の表が成り立つ.

f	1	t^n	e^{at}	$\cos at$	$\sin at$	$\cosh at$	$\sinh at$
$\mathcal{L}f$	$\frac{1}{s}$	$\frac{n!}{s^{n+1}}$	$\frac{1}{s-a}$	$\frac{s}{s^2+a^2}$	$\frac{a}{s^2+a^2}$	$\frac{s}{s^2-a^2}$	$\frac{a}{s^2-a^2}$

証明.

$$\begin{aligned}\mathcal{L}1(s) &= \int_0^\infty e^{-ts}1\,dt = \left[-\frac{1}{s}e^{-ts}\right]_0^\infty = \frac{1}{s} \\ \mathcal{L}t^n(s) &= \int_0^\infty e^{-ts}t^n\,dt = \int_0^\infty e^{-T}\left(\frac{T}{s}\right)^n\frac{dT}{s} \\ &= \frac{1}{s^{n+1}}\Gamma(n+1) = \frac{n!}{s^{n+1}} \\ \mathcal{L}(e^{at})(s) &= \int_0^\infty e^{-ts}e^{at}\,dt = \int_0^\infty e^{-t(s-a)}1\,dt = \frac{1}{s-a}\end{aligned}$$

となります. 最後の式で a の代わりに ia と虚数にすると

$$\mathcal{L}(e^{iat})(s) = \mathcal{L}(\cos at)(s) + i\mathcal{L}(\sin at)(s)$$

であり,

$$\frac{1}{s-ia} = \frac{s+ia}{s^2+a^2}$$

と比較すると $\cos at$ と $\sin at$ のラプラス変換の式が求まります．また

$$\cosh at = \frac{e^{at}+e^{-at}}{2}, \qquad \sinh at = \frac{e^{at}-e^{-at}}{2}$$

により

$$\begin{aligned}
\mathcal{L}(\cosh at)(s) &= \frac{1}{2}\Big(\mathcal{L}(e^{at})(s) + \mathcal{L}(e^{-at})(s)\Big) \\
&= \frac{1}{2(s-a)} + \frac{1}{2(s+a)} = \frac{s}{s^2-a^2} \\
\mathcal{L}(\sinh at)(s) &= \frac{1}{2}\Big(\mathcal{L}(e^{at})(s) - \mathcal{L}(e^{-at})(s)\Big) \\
&= \frac{1}{2(s-a)} - \frac{1}{2(s+a)} = \frac{a}{s^2-a^2}
\end{aligned}$$

が成り立ちます．　□

4.6.2　ラプラス変換を用いて微分方程式を解こう

これだけ準備をすれば，微分方程式の解法に使えます．ラプラス変換 $\mathcal{L}$ には適切な関数の空間を考えれば，その逆変換 $\mathcal{L}^{-1}$ が存在します．

例 4.10　初期条件 $x(0)=1$, $\frac{dx}{dt}(0)=-1$ で

$$\frac{d^2x}{dt^2} + 2\frac{dx}{dt} + x = e^{-t}$$

を解いてみましょう．両辺にラプラス変換をすると

$$s^2\mathcal{L}x(s) - sx(0) - \frac{dx}{dt}(0) + 2s\mathcal{L}x(s) - 2x(0) + \mathcal{L}x(s) = \frac{1}{s+1}$$

すなわち

$$(s^2+2s+1)\mathcal{L}x(s) = s+1+\frac{1}{s+1}$$

となり，したがって

$$\mathcal{L}x(s) = \frac{1}{s+1} + \frac{1}{(s+1)^3}$$

を得ます．そこで

$$\mathcal{L}(t^n)(s) = \frac{n!}{s^{n+1}}$$

と

$$\mathcal{L}(e^{-t})f(s) = \mathcal{L}f(s+a)$$

に注意すると

$$\mathcal{L}(e^{-t}t^2)(s) = \frac{2}{(s+1)^3}$$

になるので，

$$x(t) = e^{-t} + e^{-t}\frac{1}{2}t^2$$

になります．

4.7　その他の解ける微分方程式

4.7.1　ベルヌーイの微分方程式

$$\frac{dx}{dt} = a(t)x + b(t)x^s$$

はベルヌーイ型と呼ばれます．x^s の項があるので，この方程式は非線形型です．

$$y = x^{1-s}$$

とおくと

$$\begin{aligned}\frac{dy}{dt} &= (1-s)x^{-s}\frac{dx}{dt}\\ &= (1-s)x^{-s}(a(t)x + b(t)x^s)\\ &= (1-s)a(t)x^{1-s} + (1-s)b(t)\\ &= (1-s)a(t)y + (1-t)b(t)\end{aligned}$$

と非斉次の線形方程式になりました．

例 4.11

$$\frac{dx}{dt} = -\frac{x}{t} + t^2x^3$$

は $s=3$ のベルヌーイ型です．

$$y = x^{-2}$$

とおけば

$$\begin{aligned}\frac{dy}{dt} &= -2x^{-3}\frac{dx}{dt} = -2\frac{1}{x^3}\left(-\frac{x}{t} + t^2x^3\right)\\ &= \frac{2}{tx^2} - 2t^2 = \frac{2}{t}y - 2t^2.\end{aligned}$$

この斉次形

$$\frac{dy}{dt} = \frac{2}{t}y$$

の解は

$$y = ct^2$$

ですから，定数変化法 $y = c(t)t^2$ を用いて，微分方程式に代入すれば

$$c'(t)t^2 + c(t)2t = \frac{2}{t}c(t)t^2 - 2t^2$$

つまり

$$c'(t) = -2$$

を得るので，

$$c(t) = -2t + C$$

となります．もとの式に代入して

$$y = -2t^3 + Ct^2$$

を得ます．ということは

$$\frac{1}{x^2} = -2t^3 + Ct^2$$

が解であることがわかります.

4.7.2　クレローの微分方程式

$$x = t\frac{dx}{dt} + f\left(\frac{dx}{dt}\right)$$

のタイプの微分方程式をクレローの方程式と言います. $p = \frac{dx}{dt}$ として

$$x = tp + f(p)$$

と表すことが多いようです.

両辺を微分すると

$$p = p + t\frac{dp}{dt} + f'(p)\frac{dp}{dt}$$

すなわち

$$(t + f'(p))\frac{dp}{dt} = 0$$

となるので

$$\frac{dp}{dt} = 0 \tag{4.3}$$

または

$$t + f'(p) = 0 \tag{4.4}$$

が解になります. 上の方程式 (4.3) の解は $p = C$ であるので, もとの方程式に代入して

$$x = Ct + f(C)$$

が解の 1 つになります. 下の方程式 (4.4) をもとの方程式に代入すると

$$x = -pf'(p) + f(p)$$

が得られるので, $t = -f'(p)$ の陰関数を $p = h(t)$ として上の式に代入して

$$x = -h(t)f'(h(t)) + f(h(t))$$

が解になります.

例 4.12

$$x = t\frac{dx}{dt} + \left(\frac{dx}{dt}\right)^2$$

はクレロー型です. $p = \frac{dx}{dt}$ とおいて

$$x = tp + p^2$$

となります. その解は, $x = Ct + C^2$ ともう一方は $t + 2p = 0$, すなわち, $p = -\frac{t}{2}$ をもとの式に代入して

$$x = -t\frac{t}{2} + \left(-\frac{t}{2}\right)^2 = -\frac{t^2}{4}$$

が解になります.

4.7.3　ラグランジュの微分方程式

$p = \frac{dx}{dt}$ とおいて

$$x = f(p)t + g(p)$$

をラグランジュの微分方程式またはダランベールの微分方程式と言います. 微

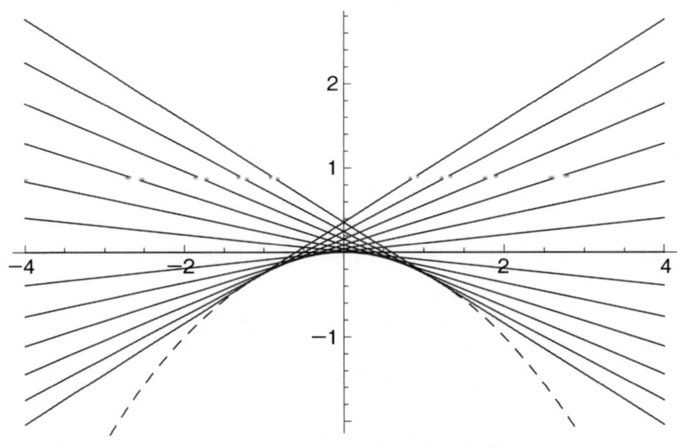

図 4.6　クレローの解, 一般解は特殊解の接線になっている

分をすると

$$p = f'(p)\frac{dp}{dt}t + f(p) + g'(p)\frac{dp}{dt}$$

を得るので，これを変形した

$$(p - f(p))\frac{dt}{dp} = f'(p)t + g'(p)$$

は p を変数とみると t に関する線形微分方程式になります．これは解けるので，その解を $t = h(p)$ と表しましょう．この陰関数を解いて，$p = \hat{h}(t)$ とすれば

$$\frac{dx}{dt} = p = \hat{h}(t)$$

は変数分離形になるので解けます．

4.7.4　リッカチの微分方程式

$$\frac{dx}{dt} = a(t)x^2 + b(t)x + c(t)$$

をリッカチの微分方程式と言います．1つの解 $\hat{x}$ が見つかったとしましょう．$x = \hat{x} + y$ とおいて微分をすると

$$\frac{dx}{dt} = \frac{d\hat{x}}{dt} + \frac{dy}{dt}$$

となります．これをもとの方程式に代入すると

$$a(t)x^2 + b(t)x + c(t) = a(t)\hat{x}^2 + b(t)\hat{x} + c(t) + \frac{dy}{dt}.$$

この式を整理した

$$\begin{aligned}\frac{dy}{dt} &= a(t)(2\hat{x}y + y^2) + b(t)y \\ &= (2a(t)\hat{x} + b(t))y + a(t)y^2\end{aligned}$$

は $s = 2$ のベルヌーイ型の微分方程式になったので，$z = \frac{1}{y}$ とおくと

$$\frac{dz}{dt} = -y^{-2}\frac{dy}{dt}$$

$$= -y^{-2}((2a(t)\hat{x} + b(t))y + a(t)y^2)$$
$$= -(2a(t)\hat{x} + b(t))z - a(t)$$

と線形の微分方程式になり，これで解けることがわかりました．

例 4.13

$$\frac{dx}{dt} + x^2 - 2x - 3 = 0$$

を $\hat{x} = -1$ が解であることを用いて解きましょう．$x = \hat{x} + y = -1 + y$ とおいて，微分すると

$$\frac{dy}{dt} = \frac{dx}{dt}$$

ですから

$$\begin{aligned}\frac{dy}{dt} &= -x^2 + 2x + 3 \\ &= -(y-1)^2 + 2(y-1) + 3 = -y^2 + 4y\end{aligned}$$

を得ます．これは $s = 2$ のベルヌーイ型なので $z = \frac{1}{y}$ とおくと

$$\frac{dz}{dt} = -y^{-2}(-y^2 + 4y) = -4z + 1$$

となります．これで線形方程式になったので，この斉次形の解は

$$z = c\,e^{-4t}$$

ですから，定数変化法を用いて

$$c'(t)e^{-4t} - 4c(t)e^{-4t} = -4c(t)e^{-4t} + 1$$

すなわち

$$c'(t) = e^{4t}$$

になり，

$$c(t) = \frac{1}{4}e^{4t} + C$$

を得ます．したがって

$$z = Ce^{-4t} + \frac{1}{4}$$

ですから，これより $C' = 4C$ とおいて

$$x = y - 1 = \frac{1}{z} - 1 = \frac{3e^{4t} - C'}{e^{4t} + C'}$$

が解であることがわかります．

第5章

関数の集合を考えよう

この章では高階の線形微分方程式を考察しましょう．第3章などで，2次元の線形微分方程式を考えましたので，その延長上に過ぎないのですが，この機会に解になる関数全体を集合としてみるという新しい視点を導入しましょう．

5.1　高階の線形微分方程式

$$\frac{d^n x}{dt^n} + a_1(t)\frac{d^{n-1}x}{dt^{n-1}} + \cdots + a_{n-1}(t)\frac{dx}{dt} + a_n(t)x = f(t) \tag{5.1}$$

の形をした微分方程式を n 階の線形微分方程式と言います．とくに $f(t) \equiv 0$ の形をした微分方程式

$$\frac{d^n x}{dt^n} + a_1(t)\frac{d^{n-1}x}{dt^{n-1}} + \cdots + a_{n-1}(t)\frac{dx}{dt} + a_n(t)x = 0 \tag{5.2}$$

を**斉次形**，そうでないものを**非斉次形**と呼びます．

落下の方程式

$$\begin{aligned}\frac{dx}{dt} &= v \\ \frac{dv}{dt} &= -mg\end{aligned}$$

の初期値は位置 $x(0) = x_0$ だけでなく，初期速度 $v(0) = \frac{dx}{dt}(0) = v_0$ も与えなければ解けないように，上の形の微分方程式では，初期値としては

$$\begin{pmatrix} x(0) \\ \frac{dx}{dt}(0) \\ \vdots \\ \frac{d^{n-1}x}{dt^{n-1}}(0) \end{pmatrix}$$

を与える必要があることに注意しましょう．また，斉次形微分方程式 (5.2) は

$$\boldsymbol{x}(t) = \begin{pmatrix} x(t) \\ \frac{dx}{dt}(t) \\ \vdots \\ \frac{d^{n-1}x}{dt^{n-1}}(t) \end{pmatrix}, \quad A(t) = \begin{pmatrix} 0 & 1 & 0 & \cdots & 0 \\ 0 & 0 & 1 & \cdots & 0 \\ \vdots & \vdots & \vdots & \ddots & \vdots \\ 0 & 0 & 0 & \cdots & 1 \\ -a_n(t) & -a_{n-1}(t) & -a_{n-2}(t) & \cdots & -a_1(t) \end{pmatrix}$$

とおくと

$$\frac{d}{dt}\boldsymbol{x}(t) = A(t)\boldsymbol{x}(t)$$

と行列で表現できます．

定理 5.1　非斉次形微分方程式 (5.1) の解全体を X，斉次形微分方程式 (5.2) の解全体を X_L と表す．このとき，

1. X_L は線形空間である．
2. 1つの $x \in X$ を選んで，

$$X = \{x + y \colon y \in X_L\}$$

と表される．

3. $\boldsymbol{a} \in \mathbb{R}^n$ を初期値にもつ解を $x_{\boldsymbol{a}}(t)$ で表す．このとき，

$$\Phi\boldsymbol{a} = \begin{pmatrix} x_{\boldsymbol{a}} \\ \frac{dx_{\boldsymbol{a}}}{dt} \\ \vdots \\ \frac{d^n x_{\boldsymbol{a}}}{dt^n} \end{pmatrix}$$

を与える写像を Φ とすると，これは $\mathbb{R}^n$ から X_L への線形写像であり，さらに X_L は n 次元空間になる．

証明. 1. $x_1, x_2 \in X_L$ とすると，

$$\begin{aligned}
&\frac{d^n(x_1+x_2)}{dt^n} + \cdots + a_{n-1}(t)\frac{d(x_1+x_2)}{dt} + a_n(t)(x_1+x_2) \\
&= \frac{d^n x_1}{dt^n} + a_1(t)\frac{d^{n-1}x_1}{dt^{n-1}} + \cdots + a_{n-1}(t)\frac{dx_1}{dt} + a_n(t)x_1 \\
&\quad + \frac{d^n x_2}{dt^n} + a_1(t)\frac{d^{n-1}x_2}{dt^{n-1}} + \cdots + a_{n-1}(t)\frac{dx_2}{dt} + a_n(t)x_2 \\
&= 0
\end{aligned}$$

により，$x_1 + x_2 \in X_L$，また，定数 λ と $x \in X_L$ について

$$\begin{aligned}
&\frac{d^n(\lambda x)}{dt^n} + a_1(t)\frac{d^{n-1}(\lambda x)}{dt^{n-1}} + \cdots + a_{n-1}(t)\frac{d(\lambda x)}{dt} + a_n(t)\lambda x \\
&= \lambda\Big(\frac{d^n x}{dt^n} + a_1(t)\frac{d^{n-1}x}{dt^{n-1}} + \cdots + a_{n-1}(t)\frac{dx}{dt} + a_n(t)x\Big) \\
&= 0
\end{aligned}$$

により，$\lambda x \in X_L$．以上により，X_L が線形空間になることがわかりました．

2. $x \in X$ を任意に選びます．同様に $y \in X_L$ も任意に選びます．このとき

$$\begin{aligned}
&\frac{d^n(x+y)}{dt^n} + \cdots + a_{n-1}(t)\frac{d(x+y)}{dt} + a_n(t)(x+y) \\
&= \frac{d^n x}{dt^n} + a_1(t)\frac{d^{n-1}x}{dt^{n-1}} + \cdots + a_{n-1}(t)\frac{dx}{dt} + a_n(t)x \\
&\quad + \frac{d^n y}{dt^n} + a_1(t)\frac{d^{n-1}y}{dt^{n-1}} + \cdots + a_{n-1}(t)\frac{dy}{dt} + a_n(t)y \\
&= f(t) + 0 = f(t)
\end{aligned}$$

により，$x + y \in X$，また，同様の計算で，$x_1, x_2 \in X$ ならば $x_1 - x_2 \in X_L$ であることが確かめられるので，任意の $x_1 \in X$ は適切な $y \in X_L$ を選べば，$x_1 = x + y$ と表せます．

3. 初期値に対して解の存在定理（8.2節）から解が定まります．つまり，任意の$\boldsymbol{a} \in \mathbb{R}^n$について式(5.2)の解が定まり，解の一意性から，それは1つに定まりますので，その解を$x \in X_L$とおけば，定義より

$$\Phi \boldsymbol{a} = x.$$

また，解の一意性（8.2節）から，

$$\Phi \boldsymbol{a} = \Phi \boldsymbol{b} = x$$

ならば，$x(0)$の初期値は$\boldsymbol{a}$かつ$\boldsymbol{b}$でなければならず，$\boldsymbol{a} = \boldsymbol{b}$が出て，この写像が1対1であることが導かれます．逆に$x \in X_L$についてその初期値を$\boldsymbol{a}$とおけば

$$\Phi \boldsymbol{a} = x$$

ですから，Φは上への写像になっていることがわかり，この写像は逆写像をもつことがわかります．

$\Phi \boldsymbol{a} = x_1$, $\Phi \boldsymbol{b} = x_2$とすると

$$\Phi \boldsymbol{a} + \Phi \boldsymbol{b} = x_1 + x_2 \in X_L$$

が成り立ち，さらに

$$\begin{pmatrix} x_1(0) + x_2(0) \\ \vdots \\ \frac{d^{n-1}x_1}{dt^{n_1}}(0) + \frac{d^{n-1}x_2}{dt^{n_1}}(0) \end{pmatrix} = \boldsymbol{a} + \boldsymbol{b}$$

なので，$x_1 + x_2$は初期値$\boldsymbol{a} + \boldsymbol{b}$をもつ解になっていることから

$$\Phi(\boldsymbol{a} + \boldsymbol{b}) = x_1 + x_2 = \Phi \boldsymbol{a} + \Phi \boldsymbol{b}$$

が成り立ちます．同様に，定数λと$x \in X_L$について$\Phi \boldsymbol{a} = x$のとき，$\lambda x \in X_L$であることと$(\lambda x)(0) = \lambda x(0) = \lambda \boldsymbol{a}$より，$\lambda x$は初期値$\lambda \boldsymbol{a}$をもつ解であることがわかり，

$$\Phi(\lambda \boldsymbol{a}) = \lambda x = \lambda \Phi \boldsymbol{a}$$

をみたします．以上により Φ の線形性がわかりました．また，Φ は 1 対 1 かつ上への写像であることから，X_L が n 次元の線形空間であることがわかりました． □

例 5.1（減衰振動） バネの運動

$$m\frac{d^2x}{dt^2} = -kx$$

すなわち，x の変位と逆方向に力が働く運動の解は周期 $2\pi\sqrt{\frac{m}{k}}$，つまり，角速度 $\omega_0 = \sqrt{\frac{k}{m}}$ の振動になることは例 3.2 でみました．この系に速度に比例する摩擦が働く場合

$$m\frac{d^2x}{dt^2} = -kx - \omega\frac{dx}{dt}$$

を考えてみましょう．摩擦ですから $\omega > 0$ です．記号を簡単にするために $\omega = 2m\rho$ とおきましょう．微分方程式は m で割って

$$\frac{d^2x}{dt^2} = -\omega_0^2 x - 2\rho\frac{dx}{dt}$$

となります．そこで，$x(t) = e^{\lambda t}$ とおいて，代入すると

$$\lambda^2 e^{\lambda t} = -\omega_0^2 e^{\lambda t} - 2\rho\lambda e^{\lambda t}$$

より

$$\lambda^2 + 2\rho\lambda + \omega_0^2 = 0$$

を得ます．この 2 次方程式の解は $-\rho \pm \sqrt{\rho^2 - \omega_0^2}$ となります．これを λ_1, λ_2 とおけば，解はこれらの線形和

$$x(t) = C_1 e^{\lambda_1 t} + C_2 e^{\lambda_2 t}$$

すなわち，解の空間 X_L は $e^{\lambda_1 t}$ と $e^{\lambda_2 t}$ を基底にする線形空間であることがわかります．解の様子をちょっと見てみましょう．

- $\omega_0 < \rho$ のとき，根号内は正であるので，解は指数的に減衰する．

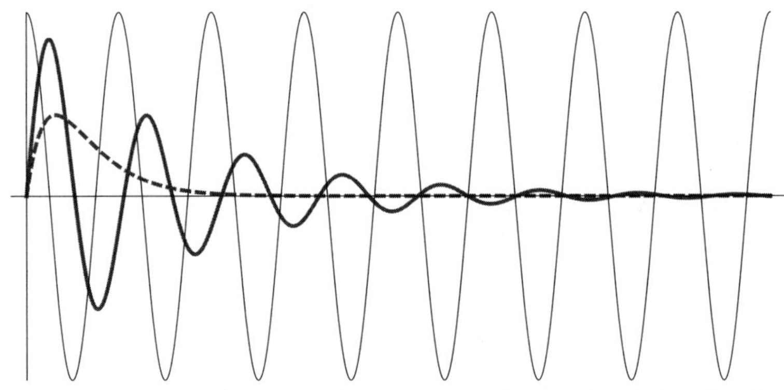

図5.1　減衰振動，弱い減衰（太線），強い減衰（点線），非減衰（細線）

- $\omega_0 > \rho$のとき，根号内は負になるので，角速度$\sqrt{\omega_0^2 - \rho^2}$の周期で振動しながら減衰する．

となります．摩擦が弱い場合は摩擦がない場合の固有振動に近い周波数で揺れながら減衰し，摩擦が強い場合にはそのまま減衰していくという，私たちが日常的に見る現象を表しています．もう少し詳細に述べると

- $\omega_0 < \rho$のときには，解は$e^{\lambda_1 t}$で減衰する解と$e^{\lambda_2 t}$で減衰する解の重ね合わせですから，解は2つの指数関数の重ね合わせ

$$C_1 e^{(-\rho+\sqrt{\rho^2-\omega_0^2})t} + C_2 e^{(-\rho-\sqrt{\rho^2-\omega_0^2})t}$$

  となり，振動せずに減衰することになります．
- $\omega_0 > \rho$のときには

$$e^{\lambda_1 t} = e^{-\rho t} \times e^{i\sqrt{\omega_0^2-\rho^2}t}, \quad e^{\lambda_2 t} = e^{-\rho t} \times e^{-i\sqrt{\omega_0^2-\rho^2}t}$$

  であるので，解は

$$e^{-\rho t}\left(C_1 \cos\left(\sqrt{\omega_0^2 - \rho^2}t\right) + C_2 \sin\left(\sqrt{\omega_0^2 - \rho^2}t\right)\right)$$

  となり，周期$\dfrac{2\pi}{\sqrt{\omega_0^2 - \rho^2}}$で振動しながら指数$e^{-\rho t}$で減衰することがわか

ります．

X_L が n 次元の線形空間であることがわかったのですから，その基底を考えましょう．$w_1(t), \ldots, w_n(t) \in X_L$ を X_L の基底であるとしましょう．X_L の基底であるとは，

- 独立であること
- X_L 全体を張ること

をみたすことです．基底を選ぶには，Φ の定義をみれば，独立な初期ベクトルから得られる解をとればよいことがわかります．そこで

$$W(t) = \begin{pmatrix} w_1(t) & w_2(t) & \cdots & w_n(t) \\ \frac{dw_1}{dt}(t) & \frac{dw_2}{dt}(t) & \cdots & \frac{dw_n}{dt}(t) \\ \vdots & \vdots & \ddots & \vdots \\ \frac{d^{n-1}w_1}{dt^{n-1}}(t) & \frac{d^{n-1}w_2}{dt^{n-1}}(t) & \cdots & \frac{d^{n-1}w_n}{dt^{n-1}}(t) \end{pmatrix}$$

とおいて，その行列式 $\det W(t)$ を**ロンスキアン**と呼びます．これが 0 でなければ，$w_1(t), \ldots, w_n(t) \in X_L$ は独立であることがわかります．ベクトル $\boldsymbol{x}$ について，$W(t)\boldsymbol{x}$ は初期値 $W(0)\boldsymbol{x}$ の時刻 t での解になっています．

ここで Φ を変化させて，時刻 s での初期値 $\boldsymbol{a}$ を与えたときの時刻 t における解の値を $\varphi_{t,s}$ で表すことにしましょう．

$$\varphi_{t,s} \colon \mathbb{R}^n \to \mathbb{R}^n$$

になります．時刻 u で初期値 $\boldsymbol{a}$ の解の時刻 s における値は $\varphi_{s,u}\boldsymbol{a}$，さらに時刻 s で初期値 $\varphi_{s,u}\boldsymbol{a}$ の時刻 t での解は $\varphi_{t,s}(\varphi_{s,u}\boldsymbol{a})$ ですから，まとめると

$$\varphi_{t,u} = \varphi_{t,s}\varphi_{s,u}$$

をみたすことが解の一意性よりわかります．$\varphi_{t,s}\boldsymbol{a}$ が初期値 $\boldsymbol{a}$ の時刻 t での解であることから

$$\frac{\partial}{\partial t}\varphi_{t,s} = A(t)\varphi_{t,s}$$

をみたします．$\boldsymbol{b} = W(s)^{-1}\boldsymbol{a}$ とおくと，$W(s)\boldsymbol{b} = \boldsymbol{a}$ ですから，時刻 s での値が $\boldsymbol{a}$ である場合の初期値が $W(0)\boldsymbol{b}$ です．

$$\boldsymbol{c} = W(t)W(s)^{-1}\boldsymbol{a}$$

は時刻 s から戻って，時刻 0 で $W(0)\boldsymbol{b}$ になり，その後，時刻 t になったとき $\boldsymbol{c}$ になることを表現しています．これは，初めの時刻 s で $\boldsymbol{a}$ のときに，時刻 t で $\boldsymbol{c}$ になることを意味していますから，

$$\varphi_{t,s} = W(t)W(s)^{-1} \tag{5.3}$$

をみたすことがわかります．

定理 5.2

$$\det W(t) = \det W(0) \exp\Big(- \int_0^t a_1(s)\,ds \Big).$$

証明.　式 (5.3) により

$$W(t) = \varphi_{t,s} W(s).$$

これより

$$\frac{dW}{dt}(t) = \frac{\partial}{\partial t}\varphi_{t,s}W(s) = A(t)\varphi_{t,s}W(s) = A(t)W(t)$$

をみたします．これは変数分離形

$$\frac{dW}{W} = A(t)\,dt$$

ですから，その解は

$$\log W(t) - \log W(0) = \int_0^t A(s)\,ds$$

となります．このとき，$A = e^B$ ならば $\det A = e^{\mathrm{Tr}\,B}$ であることを用いると

$$\det W(t) = \det W(0) \exp\Big(\int_0^t \mathrm{Tr}\,A(s)\,ds \Big)$$

となり，証明が終わります．ここで Tr は行列のトレース，すなわち対角成分の和を表します．　□

この定理により，解が独立ならばロンスキアンは0にならないことがわかります．

5.2　より一般の線形微分方程式

先の節で考えた微分方程式は，$x = x_1, \frac{dx}{dt} = x_2, \ldots, \frac{d^{n-1}x}{dt^{n-1}} = x_{n-1}$ とおけば

$$
\begin{aligned}
\frac{dx_1}{dt} &= x_2 \\
\frac{dx_2}{dt} &= x_3 \\
&\vdots \\
\frac{dx_{n-2}}{dt} &= x_{n-1} \\
\frac{dx_{n-1}}{dt} &= -a_1(t)x_{n-1} - \cdots - a_{n-1}(t)x_1 + f(t)
\end{aligned}
$$

と表せることに着目すれば，これを一般化して，変数が $x_1, \ldots, x_n$ の n 個ある場合

$$
\begin{aligned}
\frac{dx_1}{dt} &= a_{11}(t)x_1 + a_{12}(t)x_2 + \cdots + a_{1n}(t)x_n + b_1(t) \\
\frac{dx_2}{dt} &= a_{21}(t)x_1 + a_{22}(t)x_2 + \cdots + a_{2n}(t)x_n + b_2(t) \\
&\vdots \\
\frac{dx_n}{dt} &= a_{n1}(t)x_1 + a_{n2}(t)x_2 + \cdots + a_{nn}(t)x_n + b_n(t)
\end{aligned}
$$

にほぼそのまま適用することができます．これを

$$
\frac{d}{dt}\boldsymbol{x} = A\boldsymbol{x} + \boldsymbol{b}
$$

と表しましょう．

斉次方程式の解が得られたので，先の章と同様に定数変化法で非斉次形の解を求めましょう．

定理 5.3　非斉次方程式の解は

$$\boldsymbol{x}(t) = \varphi_{t,0}\boldsymbol{x}_0 + \int_0^t \varphi_{t,s}\boldsymbol{b}(s)\,ds$$

で与えられる．

証明.　微分をしてみると

$$\begin{aligned}\frac{d}{dt}\boldsymbol{x}(t) &= \frac{\partial}{\partial t}\varphi_{t,0}\boldsymbol{x}(0) + \varphi_{t,t}\boldsymbol{b}(t) \\ &= A(t)\varphi_{t,0}\boldsymbol{x}(0) + \boldsymbol{b}(t) \\ &= A(t)\boldsymbol{x}(t) + \boldsymbol{b}(t)\end{aligned}$$

となり，$\boldsymbol{x}(t)$ が非斉次方程式の解であることがわかります．　□

5.2.1　2階の線形微分方程式

特別な場合として，区間 $[a,b]$ 上の2階の線形微分方程式

$$\frac{d^2x}{dt^2} + a_1(t)\frac{dx}{dt} + a_2(t)x = f(t)$$

を考えてみましょう．関数 x に作用する微分作用素

$$\mathcal{D}x = \frac{d^2x}{dt^2} + a_1(t)\frac{dx}{dt} + a_2(t)x$$

を考えると，上の微分方程式は

$$\mathcal{D}x = f$$

と表すことができます．2つの独立な解 x_1, x_2 を選び，

$$W(t) = \begin{pmatrix} x_1 & x_2 \\ \frac{dx_1}{dt} & \frac{dx_2}{dt} \end{pmatrix}$$

とおけば，ロンスキアンは

$$\det W(t) = x_1\frac{dx_2}{dt} - x_2\frac{dx_1}{dt} \tag{5.4}$$

となり，グリーン関数

$$G(t,s) = \begin{cases} \frac{1}{\det W(s)} x_1(t)x_2(s) & (t \le s) \\ \frac{1}{\det W(s)} x_1(s)x_2(t) & (t > s) \end{cases}$$

を定義すると，非斉次方程式の解は

$$x(t) = C_1x_1(t) + C_2x_2(t) + \int_a^b G(t,s)f(s)\,ds$$

で与えられます．このことは，

$$y(t) = \int_a^b G(t,s)f(s)\,ds \tag{5.5}$$

が2階の非斉次線形微分方程式の特殊解であることを示せば，$C_1x_1(t)+C_2x_2(t)$ は斉次方程式の一般解であることから証明されます．そこで

$$\begin{aligned} y(t) &= \int_a^b G(t,s)f(s)\,ds \\ &= \int_a^t \frac{1}{\det W(s)} x_1(s)x_2(t)f(s)\,ds + \int_t^b \frac{1}{\det W(s)} x_1(t)x_2(s)f(s)\,ds \\ &= \int_a^t \frac{1}{\det W(s)} x_1(s)f(s)\,ds \times x_2(t) + x_1(t) \times \int_t^b \frac{1}{\det W(s)} x_2(s)f(s)\,ds \end{aligned}$$

を微分すると

$$\begin{aligned} \frac{dy}{dt}(t) = &\frac{1}{\det W(t)} x_1(t)f(t)x_2(t) + \int_a^t \frac{1}{\det W(s)} x_1(s)f(s)\,ds \times \frac{dx_2}{dt} \\ &+ \frac{dx_1}{dt}(t) \times \int_t^b \frac{1}{\det W(s)} x_2(s)f(s)\,ds - x_1(t)\frac{1}{\det W(t)} x_2(t)f(t) \\ = &\int_a^t \frac{1}{\det W(s)} x_1(s)f(s)\,ds \times \frac{dx_2}{dt} \\ &+ \frac{dx_1}{dt}(t) \times \int_t^b \frac{1}{\det W(s)} x_2(s)f(s)\,ds, \end{aligned}$$

さらに微分をして，x_1, x_2 が斉次方程式の解であることと式 (5.4) を用いると

$$\frac{d^2y}{dt^2}(t) = \frac{1}{\det W(t)} x_1(t)f(t) \times \frac{dx_2}{dt} + \int_a^t \frac{1}{\det W(s)} x_1(s)f(s)\,ds \times \frac{d^2x_2}{dt^2}$$

$$
\begin{aligned}
&+\frac{d^2x_1}{dt^2}(t)\times\int_t^b \frac{1}{\det W(s)}x_2(s)f(s)\,ds \\
&-\frac{dx_1}{dt}(t)\times\frac{1}{\det W(t)}x_2(t)f(t) \\
=\ & f(t)+\int_a^t \frac{1}{\det W(s)}x_1(s)f(s)\,ds\times(-a_1(t)\frac{dx_2}{dt}(t)-a_2(t)x_2(t)) \\
&+(-a_1(t)\frac{dx_1}{dt}(t)-a_2(t)x_1(t))\times\int_t^b \frac{1}{\det W(s)}x_2(s)f(s)\,ds,
\end{aligned}
$$

さらに式 (5.5) を用いると

$$
\frac{d^2y}{dt^2}(t)=f(t)-a_1(t)\frac{dy}{dt}(t)-a_2(t)y(t)
$$

と y が特殊解であることが証明できました.

例 5.2（強制振動） 例 5.1 で振動が減衰していく運動をみました．ここでは

$$
m\frac{d^2x}{dt^2}=-kx+c\sin\omega t
$$

と振動を強制的に外から加える方程式を考えましょう．減衰振動と同様に固有振動を $\omega_0=\sqrt{\frac{k}{n}}$ とおくと

$$
\frac{d^2x}{dt^2}=-\omega_0^2x+\frac{c}{m}\sin\omega t
$$

となり，非斉次方程式の解を $x(t)=C\sin(\omega t)$ とすると

$$
-C\omega^2\sin(\omega t)=-C\omega_0^2\sin(\omega t)+\frac{c}{m}\sin(\omega t)
$$

により，

$$
C=\frac{c/m}{\omega_0^2-\omega^2}
$$

であることがわかります．斉次方程式の解は $\cos(\omega_0 t)$ と $\sin(\omega_0 t)$ ですから，強制振動の解は

$$
x(t)=C_1\cos(\omega_0 t)+C_2\sin(\omega_0 t)+\frac{c/m}{\omega_0^2-\omega^2}\sin(\omega t)
$$

となります．

外からの振動 ω が固有振動に近いと最後の項はとても大きくなります．例えば，初期値を $x(0)=0$, $\frac{dx}{dt}(0)=0$ としてみましょう．この場合には

$$C_1 = 0, \quad \omega_0 C_2 + \omega \frac{c/m}{\omega_0^2 - \omega^2} = 0$$

なので，

$$\begin{aligned} x(t) &= \frac{c/m}{\omega_0^2 - \omega^2} \frac{1}{\omega_0} \left(\omega_0 \sin(\omega t) - \omega \sin(\omega_0 t) \right) \\ &= \frac{c/m}{\omega_0 + \omega} \frac{1}{\omega_0} \left\{ -\omega_0 \frac{\sin(\omega t) - \sin(\omega_0 t)}{\omega - \omega_0} + \sin(\omega_0 t) \right\}. \end{aligned}$$

ここで，$\omega \to \omega_0$ ととると

$$x(t) = \frac{c/m}{2\omega_0^2} (-\omega_0 t \cos(\omega_0 t) + \sin(\omega_0 t))$$

となります．これは図 5.2 のようにどんどん大きくなっていきます．これを**共鳴現象**と言います．

これをグリーン関数を用いる方法でみてみましょう．

$$x_1(t) = \cos(\omega_0 t), \quad x_2(t) = \sin(\omega_0 t)$$

とおけば

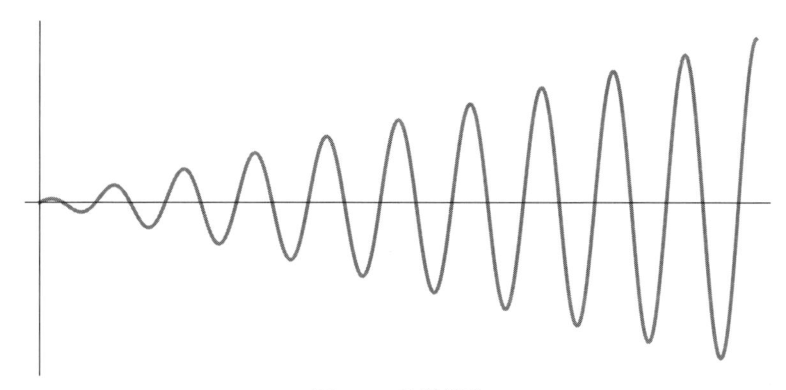

図 5.2　強制振動

$$W(t) = \begin{pmatrix} \cos(\omega_0 t) & \sin(\omega_0 t) \\ -\omega_0 \sin(\omega_0 t) & \omega_0 \cos(\omega_0 t) \end{pmatrix}$$

なので，$\det W(t) = \omega_0$．したがって，

$$G(t,s) = \frac{1}{\omega_0} \begin{cases} \cos(\omega_0 t)\sin(\omega_0 s) & (t \leq s) \\ \cos(\omega_0 s)\sin(\omega_0 t) & (t > s) \end{cases}$$

となります．ちょっと煩雑ですが，これを計算して整理をすると

$$\begin{aligned} y(t) &= \int_a^b G(t,s)\frac{c}{m}\sin(\omega s)\,ds \\ &= \frac{c/m}{\omega^2 - \omega_0^2}\omega_0 \sin(\omega t) \\ &\quad + \frac{1}{(\omega^2 - \omega_0^2)\omega_0}\Big\{(\omega\cos(a\omega)\sin(a\omega_0) - \omega_0\cos(a\omega_0)\sin(a\omega))\cos(\omega_0 t) \\ &\qquad - (\omega\cos(b\omega)\cos(b\omega_0) + \omega_0 \sin(b\omega)\sin(b\omega_0))\sin(\omega_0 t)\Big\} \end{aligned}$$

となりますが，右辺の第1項のみが本質的で，残りの項は一般項の中に吸収されます．

5.3　定数係数の線形微分方程式

第3章では2階の定数係数の線形微分方程式を主に考えましたが，この節でも，係数が関数ではなく，定数の微分方程式

$$\frac{d^n x}{dt^n} + a_1 \frac{d^{n-1}x}{dt^{n-1}} + \cdots + a_{n-1}\frac{dx}{dt} + a_n x = f(t) \tag{5.6}$$

に制限して考えましょう．

非斉次の微分方程式 (5.6) を解くには，初期値なんかも考慮せず，どんな手段を使ってでも，微分方程式 (5.6) の特殊解 $x_0(t)$ を1つ求めます．

$$\frac{d^n x}{dt^n} + a_1 \frac{d^{n-1}x}{dt^{n-1}} + \cdots + a_{n-1}\frac{dx}{dt} + a_n x = 0 \tag{5.7}$$

の斉次形の微分方程式は線形代数を用いて一般解 $x_1(t)$ が解けることは3.2節で2次元の場合を見ました．このことは高次元でも同様に成り立ちます．それ

らの和 $x(t) = x_0(t) + x_1(t)$ を考えると，これが式 (5.6) の解になっていることは容易に確かめることができます．初期値をみたすように一般解の中から適切なものを選んで解のできあがりというわけです．

5.3.1 斉次形の線形微分方程式

微分方程式 (5.2) は 5.2 節と同じように $x_1 = \frac{dx}{dt}, \dots, x_{n-1} = \frac{d^{n-1}x}{dt^{n-1}}$ とおくと

$$
\begin{aligned}
\frac{dx}{dt} &= x_1 \\
\frac{dx_1}{dt} &= x_2 \\
&\vdots \\
\frac{dx_{n-1}}{dt} &= -\left(a_1 \frac{d^{n-1}x}{dt^{n-1}} + \cdots + a_{n-1}\frac{dx}{dt} + a_n x\right)
\end{aligned}
$$

と変形でき，行列

$$
A = \begin{pmatrix} 0 & 1 & 0 & \cdots & 0 \\ 0 & 0 & 1 & \cdots & 0 \\ \vdots & \vdots & \vdots & \ddots & \vdots \\ 0 & 0 & 0 & \cdots & 1 \\ -a_n & -a_{n-1} & -a_{n-2} & \cdots & -a_1 \end{pmatrix}
$$

および，ベクトル $\boldsymbol{x} = \begin{pmatrix} x \\ x_1 \\ \vdots \\ x_{n-1} \end{pmatrix}$ を用いて

$$
\frac{d\boldsymbol{x}}{dt} = A\boldsymbol{x}
$$

と線形の微分方程式になりますから，その解は定数ベクトル $\boldsymbol{C}$ を用いて

$$
\boldsymbol{x}(t) = e^{At}\boldsymbol{C}
$$

の形をしています．2次元の場合ほど簡単に分類できるわけではありませんが，それらの固有値を考えれば，解の振る舞いは見えてきます．

5.4　特性方程式

行列の固有値をみれば，その振る舞いがわかります．それでおしまいでは何の進歩もありません．斉次線形微分方程式の解は指数関数であることに注目しましょう．

$$x(t) = e^{\lambda t}$$

として，微分方程式 (5.2) に代入しましょう．そうすると

$$(\lambda^n + a_1\lambda^{n-1} + \cdots + a_{n-1}\lambda + a_n)e^{\lambda t} = 0$$

と変形されます．この

$$\lambda^n + a_1\lambda^{n-1} + \cdots + a_{n-1}\lambda + a_n = 0$$

を**特性方程式**と言います．この特性方程式の解を $\lambda_1, \ldots, \lambda_n$ と表すと，$x(t) = e^{\lambda_i t}$ $(i = 1, 2, \ldots, n)$ が解であることは上の式から明らかです．

ここで線形代数の出番です．X_L を微分方程式 (5.2) の解の全体としましょう．X_L は関数の集合で，定理 5.1 でみたように，線形空間です．そして，特性方程式が重解をもつときには修正が必要ですが，その基底として $\{e^{\lambda_i t}\}$ が選べるというわけです．

まず，$\{e^{\lambda_i t}\}$ が線形独立であることを確認しましょう．ただし，λ_i はすべて異なるものとします．

$$\sum_{i=1}^{n} c_i e^{\lambda_i t} = 0$$

が成り立つとします．$t = 0$ として，$\sum_{i=1}^{n} c_i = 0$ が成り立たなければなりません．同じように微分をして $t = 0$ を代入，2回微分して $t = 0$ を代入，と続けて $n-1$ 回微分をして $t = 0$ を代入するまでの操作を行列を用いて表現すると

$$(c_1, \ldots, c_n) \begin{pmatrix} 1 & \lambda_1 & \lambda_1^2 & \cdots & \lambda_1^{n-1} \\ 1 & \lambda_2 & \lambda_2^2 & \cdots & \lambda_2^{n-1} \\ \vdots & \vdots & \vdots & \ddots & \vdots \\ 1 & \lambda_n & \lambda_n^2 & \cdots & \lambda_n^{n-1} \end{pmatrix} = (0, \ldots, 0)$$

をみたすのは $(c_1, \ldots, c_n) = (0, \ldots, 0)$ であることがわかります．すなわち，$\{e^{\lambda_i t}\}$ が線形独立であることが証明できました．

重解がある場合にはこうはいきません．例えば

$$\frac{d^2x}{dt^2} - 2a\frac{dx}{dt} + a^2x = 0 \tag{5.8}$$

を考えてみましょう．特性多項式は

$$\lambda^2 - 2a\lambda + a^2 = 0$$

ですから，$\lambda = a$，すなわち，$x(t) = e^{at}$ が解であることはわかりますが，解のなす空間は 2 次元のはずですから，これだけではたりません．そこで $x(t) = te^{at}$ を考えてみると，これが解になることは

$$x'(t) = e^{at} + ate^{at}, \quad x''(t) = 2ae^{at} + a^2te^{at}$$

であることから容易に確かめられます．また，e^{at} と te^{at} が

$$c_1e^{at} + c_2te^{at} = 0$$

をみたすのは $c_1 = c_2 = 0$ の場合だけですから，e^{at} と te^{at} は線形独立になり，それらを基底にする線形空間を X_L とすれば，この X_L の元が微分方程式 (5.8) の解になることがわかります．一般に，k 次の重解になるときには X_L の基底として

$$\left\{e^{at}, te^{at}, t^2e^{at}, \ldots, t^{k-1}e^{at}\right\} \tag{5.9}$$

をとるとよいことがわかります．

5.5　微分作用素

まず，X_L の元は指数関数の線形和ですから，$x \in X_L$ だと，$\frac{dx}{dt} \in X_L$ であることを確認しておきましょう．そうすると，X_L の元 $x \in X_L$ に対して $\frac{dx}{dt}$ を対応させる X_L から自分自身への作用素を**微分作用素**と呼んで $\mathcal{D}$ で表しましょう．$\mathcal{D}$ は線形作用素です．実際

$$\mathcal{D}(x+y)(t) = \mathcal{D}x(t) + \mathcal{D}y(t), \quad \mathcal{D}(ax)(t) = a\mathcal{D}x(t)$$

をみたします．基底はすでに与えてありますから，微分作用素 $\mathcal{D}$ は行列で書けることになります．固有値 $\lambda_1, \ldots, \lambda_n$ がすべて異なる場合には $\begin{pmatrix} 1 \\ 0 \\ \vdots \\ 0 \end{pmatrix}$ は $e^{\lambda_1 t}$ に対応しますから，微分をすると

$$\left(e^{\lambda_1 t}\right)' = \lambda_1 e^{\lambda_1 t}$$

より

$$\mathcal{D}\begin{pmatrix} 1 \\ 0 \\ \vdots \\ 0 \end{pmatrix} = \begin{pmatrix} \lambda_1 \\ 0 \\ \vdots \\ 0 \end{pmatrix}$$

であることがわかります．このことから，

$$\mathcal{D} = \begin{pmatrix} \lambda_1 & 0 & \cdots & 0 \\ 0 & \lambda_2 & \cdots & 0 \\ \vdots & \vdots & \ddots & \vdots \\ 0 & 0 & \cdots & \lambda_n \end{pmatrix}$$

と表現されることがわかります．

式 (5.8) のように重解をもつ場合には X_L の基底を $\{e^{at}, te^{at}\}$ とすると $\begin{pmatrix} 1 \\ 0 \end{pmatrix}$ が e^{at} に対応し，$(e^{at})' = ae^{at}$ であることから

$$\mathcal{D}\begin{pmatrix}1\\0\end{pmatrix}=\begin{pmatrix}a\\0\end{pmatrix}$$

をみたします．また，$\begin{pmatrix}0\\1\end{pmatrix}$ が te^{at} に対応し，$(te^{at})'=e^{at}+ate^{at}$ であることから，

$$\mathcal{D}\begin{pmatrix}0\\1\end{pmatrix}=\begin{pmatrix}1\\a\end{pmatrix}$$

になるので，微分作用素 $\mathcal{D}$ はジョルダン標準形

$$\mathcal{D}=\begin{pmatrix}a&1\\0&a\end{pmatrix}$$

に対応することがわかります．実は特性多項式の解が a の 2 重解になるときに，e^{at} だけでなく te^{at} も解であることは，式 (3.1) でみたように

$$e^{\mathcal{D}t}=\sum_{n=0}^{\infty}\frac{1}{n!}\mathcal{D}^n t^n=\begin{pmatrix}e^{at}&te^{at}\\0&e^{at}\end{pmatrix}$$

から示すことができるのです．

一般に k 次の重解になるときには，X_L の基底として式 (5.9) をちょっと変形して

$$\left\{e^{at},te^{at},\frac{1}{2}t^2e^{at},\ldots,\frac{1}{(k-1)!}t^{k-1}e^{at}\right\}$$

をとると，

$$\left(\frac{1}{j!}t^je^{at}\right)'=\frac{1}{(j-1)!}t^{j-1}e^{at}+\frac{1}{j!}at^je^{at}$$

をみたすことから，微分作用素はジョルダン標準形

$$\mathcal{D} = \begin{pmatrix} a & 1 & 0 & \cdots & 0 & 0 \\ 0 & a & 1 & \cdots & 0 & 0 \\ & & & \cdots & & \\ 0 & 0 & 0 & \cdots & a & 1 \\ 0 & 0 & 0 & \cdots & 0 & a \end{pmatrix}$$

になることがわかります．一般の場合には，相異なる固有値を $\lambda_1, \ldots, \lambda_m$ とし，λ_i が k_i 次の重解とすると，X_L の基底として

$$\bigcup_{i=1}^{m} \left\{ e^{\lambda_i t}, te^{\lambda_i t}, \frac{1}{2}t^2 e^{\lambda_i t}, \ldots, \frac{1}{(k_i - 1)!} t^{k_i - 1} e^{\lambda_i t} \right\}$$

を選ぶと，$\mathcal{D}$ はジョルダンブロックをもつ上三角行列で表現できることがわかります．

式 (5.1) で与えられた微分方程式も，I を恒等作用素として

$$\mathcal{L} = \mathcal{D}^n + a_1 \mathcal{D}^{n-1} + \cdots + a_n I$$

とおきましょう．斉次方程式の解全体 X_L は $\mathcal{L}$ の核，すなわち，$h \in X_L$ ならば $\mathcal{L}h = 0$ になっています．一方，非斉次方程式は

$$\mathcal{L}x = f$$

と表せ，関数の族の作るある線形空間 X で $\mathcal{L}$ が1対1ならば，その解は形式的に線形代数における逆行列のように $\mathcal{L}^{-1}f$ として求められることになります．こうして，非斉次微分方程式の解は $\mathcal{L}^{-1}f + h$ と表せることになります．

この章では線形微分方程式を扱いましたが，一般の微分方程式でも適切な関数族を考え，微分作用素を考えることで，上と同様の表現を得ることも可能です．微分方程式の解の存在を証明するのにもさまざまな方法がありますが，その中で抽象的な表現としてブラウアーの不動点定理を用いる方法があります．すなわち，微分作用素を関数族の上で考えて，解が不動点になっているとして求める方法です．

単に，微分方程式を解くという発想から，関数の族を線形空間ととらえ直し，微分を作用素としてとらえることで新しい概念が生まれてきます．より一般に，関数の族の作る線形空間の上で，関数への作用を考察する数学を関数解

析と言います．大ざっぱには，関数解析とは関数の空間の上で線形代数を行うと言えます．2.5.1 項で考察したフーリエ級数，その拡張のフーリエ変換や物理の量子力学なども関数解析としてとらえることが可能になり，こうして，まったく異なった分野を同じ発想で考察することが可能になっていきます．

第 6 章

ものの見方を変えて，古典力学に学ぼう

物理は数学に豊かな発想をもたらしてくれます．ニュートンが微分という概念を力学を考える中で導き出したことを第 1 章で学びました．この章ではニュートン力学を違った角度から見直し，新しい概念を得ていきましょう．

6.1　第一積分，保存量

微分方程式の解 $x(t)$ について $\varphi(x(t))$ が t によらず一定の値であるとき，相空間 X 上の関数 $\varphi(x)$ を第一積分とか保存量と呼びます．

例 6.1（落下の方程式）　再び，落下の方程式

$$\frac{dx}{dt} = v$$
$$m\frac{dv}{dt} = -mg$$

を考えましょう．このとき，

$$E = \frac{1}{2}mv^2 + mgx$$

は，微分をすると

$$\frac{dE}{dt} = mv\frac{dv}{dt} + mg\frac{dx}{dt} = -mvg + mgv = 0$$

により，解 $E(x(t))$ は t によらない一定値です．皆さんもご存知のように，$T = \frac{1}{2}mv^2$ は**運動エネルギー**，mgx は**位置エネルギー**と呼ばれ，E は全エネルギーを表します．E が一定の値であることを**エネルギー保存則**と言います．

相空間は位置と速度の各1次元の合計2次元で，$E(x,v)=c$ をみたす曲線は1次元ですから，$E(x,v)$ は解の軌跡を表しています．

例 6.2（保存力場） ポテンシャルと呼ばれる関数 $U(x)$ が存在して，微分方程式

$$\frac{dx}{dt}=v$$
$$m\frac{dv}{dt}=-U'(x)$$

をみたすとき，保存力場と言います．位置エネルギーを U として，全エネルギーを

$$E(x,v)=\frac{1}{2}mv^2+U(x)$$

とおくと，

$$\frac{d}{dt}E=mv\frac{dv}{dt}+U'(x)\frac{dx}{dt}=-vU'+U'v=0$$

により，エネルギーが保存されることがわかります．落下の方程式は $U(x)=mgx$ の場合です．

より一般には位置の空間を $\mathbb{R}^3$ とするとき，ポテンシャル $U(x,y,z)$ が存在して，微分方程式

$$\frac{d}{dt}\begin{pmatrix}x\\y\\z\end{pmatrix}=\begin{pmatrix}v_x\\v_y\\v_z\end{pmatrix}$$
$$m\frac{d}{dt}\begin{pmatrix}v_x\\v_y\\v_z\end{pmatrix}=-\operatorname{grad}U\begin{pmatrix}x\\y\\z\end{pmatrix}$$

をみたすとします．ここで，U の勾配 $\operatorname{grad}U$ は

$$\operatorname{grad}U=\begin{pmatrix}\frac{\partial U}{\partial x}\\\frac{\partial U}{\partial y}\\\frac{\partial U}{\partial z}\end{pmatrix}$$

です．このとき，

$$\frac{d}{dt}E = m\left(v_x \frac{dv_x}{dx} + v_y \frac{dv_y}{dy} + v_z \frac{dv_z}{dz}\right) + \frac{\partial U}{\partial x}\frac{dx}{dt} + \frac{\partial U}{\partial y}\frac{dy}{dt} + \frac{\partial U}{\partial z}\frac{dz}{dt}$$
$$= -(v, \operatorname{grad} U) + (\operatorname{grad} U, v) = 0$$

により，エネルギーが保存されることがわかります．

例 6.3（振り子の周期）　運動エネルギーの保存則から振り子の運動を見直しましょう．振り子の最下点から高さを考えましょう．振り子の長さを l，振り子の振れた角度を θ とすると，位置エネルギーは

$$mgl(1 - \cos\theta).$$

速度は $l\frac{d\theta}{dt}$ ですから，運動エネルギーは

$$\frac{1}{2}ml^2\left(\frac{d\theta}{dt}\right)^2.$$

よって，全エネルギーは

$$mgl(1 - \cos\theta) + \frac{1}{2}ml^2\left(\frac{d\theta}{dt}\right)^2.$$

一方，振り子の最大振れ幅の角度を θ_0 とすると，そこでの速度 $\frac{d\theta}{dt}$ は 0 ですから，エネルギー保存則より全エネルギーは

$$mgl(1 - \cos\theta_0) = mgl(1 - \cos\theta) + \frac{1}{2}ml^2\left(\frac{d\theta}{dt}\right)^2$$

をみたすことになります．したがって

$$\frac{d\theta}{dt} = \pm\sqrt{\frac{2g(\cos\theta - \cos\theta_0)}{l}}$$

という微分方程式をみたすことになります．$\frac{d\theta}{dt}$ の正の部分だけを考えましょう．真下から最大振れ幅までの時間は周期 T の $\frac{1}{4}$ ですから

$$\int_0^{\theta_0} \frac{d\theta}{\sqrt{\cos\theta - \cos\theta_0}} = \int_0^{T/4} \sqrt{\frac{2g}{l}}\, dt = \sqrt{\frac{2g}{l}}\frac{T}{4}.$$

ここで，変数変換

$$\sin\frac{\theta}{2} = \sin\frac{\theta_0}{2}\sin\varphi \tag{6.1}$$

をすると，θ が 0 から θ_0 まで動くときに，φ は 0 から $\frac{\pi}{2}$ まで動きます．半角の公式を用いれば

$$\begin{aligned}\cos\theta - \cos\theta_0 &= 2\left(\frac{1-\cos\theta_0}{2} - \frac{1-\cos\theta}{2}\right) = 2\left(\sin^2\frac{\theta_0}{2} - \sin^2\frac{\theta}{2}\right)\\ &= 2\sin^2\frac{\theta_0}{2}(1-\sin^2\varphi) = 2\sin^2\frac{\theta_0}{2}\cos^2\varphi\end{aligned}$$

であることと，式 (6.1) を θ で微分すると

$$\frac{1}{2}\cos\frac{\theta}{2}\,d\theta = \sin\frac{\theta_0}{2}\cos\varphi\,d\varphi$$

が得られるので

$$\begin{aligned}\int_0^{\theta_0}\frac{d\theta}{\sqrt{\cos\theta-\cos\theta_0}} &= \int_0^{\frac{\pi}{2}}\frac{1}{\sqrt{2\sin^2\frac{\theta_0}{2}\cos^2\varphi}}\frac{2\sin\frac{\theta_0}{2}\cos\varphi}{\cos\frac{\theta}{2}}\,d\varphi\\ &= \int_0^{\frac{\pi}{2}}\frac{\sqrt{2}}{\cos\frac{\theta}{2}}\,d\varphi = \int_0^{\frac{\pi}{2}}\frac{\sqrt{2}}{\sqrt{1-\sin^2\frac{\theta_0}{2}\sin^2\varphi}}\,d\varphi\end{aligned}$$

を得ます．ここでワリスの公式を変形した 6.4.3 項の式 (6.5)

$$\int_0^{\frac{\pi}{2}}\sin^{2n}\theta\,d\theta = (-1)^n\binom{-1/2}{n}\frac{\pi}{2}$$

と $(1+x)^{-1/2}$ のテイラー展開

$$(1+x)^{-1/2} = \sum_{n=0}^{\infty}\binom{-1/2}{n}x^n$$

を用いましょう．なお

$$\binom{-1/2}{n} = \frac{(-1/2)(-3/2)\cdots(-1/2-n+1)}{n!}$$

は一般化された2項展開です．周期 T が

$$
\begin{aligned}
T &= 4\sqrt{\frac{l}{2g}}\int_0^{\frac{\pi}{2}} \frac{\sqrt{2}}{\sqrt{1-\sin^2\frac{\theta_0}{2}\sin^2\varphi}}\,d\varphi \\
&= 4\sqrt{\frac{l}{g}}\int_0^{\frac{\pi}{2}} \sum_{n=0}^{\infty}\binom{-1/2}{n}\left(-\sin^2\frac{\theta_0}{2}\sin^2\varphi\right)^n d\varphi \\
&= 4\sqrt{\frac{l}{g}}\sum_{n=0}^{\infty}\binom{-1/2}{n}\sin^{2n}\frac{\theta_0}{2}\int_0^{\frac{\pi}{2}}(-1)^n\sin^{2n}\varphi\,d\varphi \\
&= 2\pi\sqrt{\frac{l}{g}}\sum_{n=0}^{\infty}\left(\binom{-1/2}{n}\right)^2\sin^{2n}\frac{\theta_0}{2}
\end{aligned}
$$

とベキ級数の形ですが求まります．

$$
0 < (-1)^n\binom{-1/2}{n} < 1
$$

に注意すると，振れ幅 θ_0 を 0 に近づけると上の式で残るのは $n = 0$ の項だけで，この場合の周期は $\sin\theta$ を θ で近似した場合のバネの運動の周期である $2\pi\sqrt{\frac{l}{g}}$ に近づくことがわかります．

例 6.4（中心力場） ポテンシャル $U(x, y, z)$ が原点からの距離のみの関数のときには，

$$
\operatorname{grad} U(x, y, z) = U'(r)\frac{1}{r}\begin{pmatrix} x \\ y \\ z \end{pmatrix} \qquad (r = \sqrt{x^2+y^2+z^2})
$$

となります．そこで外積を用いて

$$
\begin{aligned}
L &= m\left\{\frac{d}{dt}\begin{pmatrix} x \\ y \\ z \end{pmatrix}\right\} \times \begin{pmatrix} x \\ y \\ z \end{pmatrix} \\
&= m\begin{pmatrix} \frac{dy}{dt}z - \frac{dz}{dt}y \\ \frac{dz}{dt}x - \frac{dx}{dt}z \\ \frac{dx}{dt}y - \frac{dy}{dt}x \end{pmatrix}
\end{aligned}
$$

と定義すると

$$
\begin{aligned}
\frac{dL}{dt} &= m\left\{\frac{d^2}{dt^2}\begin{pmatrix}x\\y\\z\end{pmatrix}\right\}\times\begin{pmatrix}x\\y\\z\end{pmatrix}+m\left\{\frac{d}{dt}\begin{pmatrix}x\\y\\z\end{pmatrix}\right\}\times\left\{\frac{d}{dt}\begin{pmatrix}x\\y\\z\end{pmatrix}\right\}\\
&= -U'(r)\frac{1}{r}\begin{pmatrix}x\\y\\z\end{pmatrix}\times\begin{pmatrix}x\\y\\z\end{pmatrix}=0
\end{aligned}
$$

となり，L も保存量になることがわかります．これを角運動保存則と言います．相空間は $3\times 2=6$ 次元で，保存量はエネルギーの1次元と角運動量の3次元の合計4次元なので，あと1つ保存量がわかると軌道がわかることになります．

例 6.5（第一宇宙速度） 地球の重さを M，ロケットの重さを m としましょう．ロケットが地球に戻らず外へ飛び出していく速度を第一宇宙速度と言います．速度 v で半径 R の円運動をするロケットに働く遠心力は $\frac{mv^2}{R}$（例 1.3 参照）です．これと万有引力が釣り合うのは

$$
\frac{mv^2}{R}=G\frac{Mm}{R^2}
$$

となり，

$$
v=\sqrt{\frac{GM}{R}}
$$

となります．$G\approx 6.67\times 10^{-11}\,\mathrm{m^3/s^2\,kg}$，地球の重さ $M\approx 5.97\times 10^{24}\,\mathrm{kg}$，地球の半径 $R\approx 6.37\times 10^6\,\mathrm{m}$ より $v\approx 7.91\,\mathrm{km/s}$ です．

例 6.6（静止衛星） BS放送や気象衛星などの静止衛星は宇宙に止まっているわけではありません．地球の自転と同じ速度で地球の周りを回っているので，地上からは止まっているように見えるだけなのです．この静止衛星の高度を求めてみましょう．静止衛星の高さを r としましょう．24時間でその軌道を1周するには角速度 $\omega=\frac{2\pi}{24\times 60\times 60}$ です．したがって，その速度は $v=\frac{2\pi r}{\omega}$ になります．万有引力と遠心力が釣り合うことから

$$\frac{mv^2}{r} = G\frac{Mm}{r^2}.$$

をみたします．速度を代入すると

$$\frac{(2\pi r)^2}{(24 \times 60 \times 60)^2 r} = G\frac{M}{r^2}$$

したがって

$$r^3 = \frac{GM(24 \times 60 \times 60)^2}{(2\pi)^2}$$

ですから，値を代入すると $r \approx 42{,}277\,\mathrm{km}$ となります．したがって，地表面からの高さは地球の半径を引いて約 $35{,}861\,\mathrm{km}$ です．

例 6.7（第二宇宙速度） 地球の重力を振り切る速度を第二宇宙速度と言います．地球の半径を R とすると，地球表面から無限遠点までの位置エネルギーは

$$U = \int_R^\infty -G\frac{Mm}{r^2}\,dr = G\frac{Mm}{R}$$

であるので，これを打ち消す運動エネルギー $T = \frac{1}{2}mv^2$ をもてばよいのですから

$$v = \sqrt{\frac{2GM}{R}} \approx 11.2\,\mathrm{km/s}$$

になります．

太陽の引力圏から脱出する速度を第三宇宙速度と言います．求め方は第二宇宙速度と一緒です．太陽から地球までの距離 $R \approx 1.50 \times 10^{11}\,\mathrm{m}$ と太陽の質量 $M \approx 1.99 \times 10^{30}\,\mathrm{kg}$ を用いれば $v \approx 42.1\,\mathrm{km/s}$ です．

6.2　ハミルトン力学系

保存力場の運動方程式

$$\begin{aligned}\frac{dx}{dt} &= v \\ m\frac{dv}{dt} &= -U'(x)\end{aligned}$$

において，本質的には変わりませんが，習慣に従い，位置 x の代わりに q，速度 v の代わりに運動量 $p = mv$ で表して

$$\frac{dq}{dt} = \frac{p}{m}$$
$$\frac{dp}{dt} = -U'(q)$$

としましょう．運動エネルギー $T = \frac{1}{2}mv^2 = \frac{p^2}{2m}$ と位置エネルギー U の和

$$H(p, q) = T + U$$

を**ハミルトニアン**と言います．ハミルトニアンを偏微分すると

$$\frac{\partial H}{\partial q} = U'(q) = -\frac{dp}{dt}$$
$$\frac{\partial H}{\partial p} = \frac{p}{m} = \frac{dq}{dt}$$

を得ます．これを整理した

$$\frac{dq}{dt} = \frac{\partial H}{\partial p}$$
$$\frac{dp}{dt} = -\frac{\partial H}{\partial q}$$

をハミルトンの運動方程式と言います．

一般に相空間が位置の座標 $(q_1, \ldots, q_d)$ と運動量の座標 $(p_1, \ldots, p_d)$ のとき，$1 \leq i \leq d$ について

$$\frac{dq_i}{dt} = \frac{\partial H}{\partial p_i}$$
$$\frac{dp_i}{dt} = -\frac{\partial H}{\partial q_i}$$

を**ハミルトン形式**と言います．

H が時間に陽によらない場合，つまりこれまで考えてきたように U が時間によらない場合には

$$\frac{d}{dt}H = \sum_{i=1}^{d} \left\{ \frac{\partial H}{\partial p_i}\frac{dp_i}{dt} + \frac{\partial H}{\partial q_i}\frac{dq_i}{dt} \right\}$$

$$= \sum_{i=1}^{d} \left\{ \frac{dq_i}{dt}\frac{dp_i}{dt} - \frac{dp_i}{dt}\frac{dq_i}{dt} \right\} = 0$$

となり，H は保存量であることがわかります．これはエネルギー保存則です．

6.3　ラグランジュ形式

再び，保存力場の運動方程式

$$\frac{dx}{dt} = v$$
$$m\frac{dv}{dt} = -U'(x)$$

において，運動エネルギー $T = \frac{1}{2}mv^2$ と位置エネルギー U により

$$L = T - U$$

で定義される L を**ラグランジアン**と言います．運動方程式によれば

$$\frac{\partial L}{\partial v} = mv$$
$$\frac{\partial L}{\partial x} = -U'(x)$$

ですから，整理すると

$$\frac{d}{dt}\frac{\partial L}{\partial v} = \frac{\partial L}{\partial x}$$

が導かれます．これを**ラグランジュの運動方程式**と言います．

ハミルトニアンのときと同様に位置を q で表し，ニュートン流に $\frac{dq}{dt} = \dot{q}$ で表すと，ラグランジュの運動方程式は

$$\frac{d}{dt}\frac{\partial L}{\partial \dot{q}} = \frac{\partial L}{\partial q}$$

と表せます．より一般に，位置が $(q_1, \ldots, q_d)$ の場合には $1 \leq i \leq d$ について

$$\frac{d}{dt}\frac{\partial L}{\partial \dot{q}_i} = \frac{\partial L}{\partial q_i}$$

となります．

ハミルトン形式と同様にただの式変形に過ぎないのですが，新しい発想の出発点になります．今までと逆の発想をしましょう．q と $\dot{q}$ の関数として，ラグランジアン $L(q, \dot{q})$ が与えられているとしましょう．このとき

$$p = \frac{\partial L}{\partial \dot{q}}$$

により運動量 p を与えてみましょう．これを一般化運動量とか正準運動量と言います．

$$H = p\dot{q} - L$$

とおきます．これを**ルジャンドル変換**と言います．このとき，

$$\frac{\partial H}{\partial p} = \dot{q} = \frac{dq}{dt}$$
$$\frac{\partial H}{\partial q} = -\frac{\partial L}{\partial q} = -\frac{d}{dt}\frac{\partial L}{\partial \dot{q}} = -\frac{dp}{dt}$$

により，H はハミルトンの運動方程式

$$\frac{dq}{dt} = \frac{\partial H}{\partial p}$$
$$\frac{dp}{dt} = -\frac{\partial H}{\partial q}$$

をみたしていることがわかり，ラグランジアンからハミルトン形式を作ることができました．

逆にハミルトンの運動方程式が与えられたとき

$$L = p\dot{q} - H$$

とおくと，

$$\frac{\partial L}{\partial \dot{q}} = p$$
$$\frac{d}{dt}\frac{\partial L}{\partial \dot{q}} = \frac{dp}{dt}$$

および

$$\frac{\partial L}{\partial q} = -\frac{\partial H}{\partial q} = \frac{dp}{dt}$$

によりラグランジュの運動方程式

$$\frac{d}{dt}\frac{\partial L}{\partial \dot{q}} = \frac{\partial L}{\partial q}$$

をみたします.

6.4　変分法

ここでは，微分方程式とは関係ない話から始めましょう．光は空気中から水面に入ると屈折して，水の中のものが浮き上がって見えるという現象をご存知でしょう．その原因は光が水中では空気中より遅く進むことです．水中では，空気中より r 倍時間がかかるとしましょう．今，水面から上 a のところから光が出て，水平方向に 1 だけ進んだところの水面下 b の点に到着したとします (図 6.1)．x のところで光が水中に入るとすると，入射角 θ_i と屈折角 θ_r は

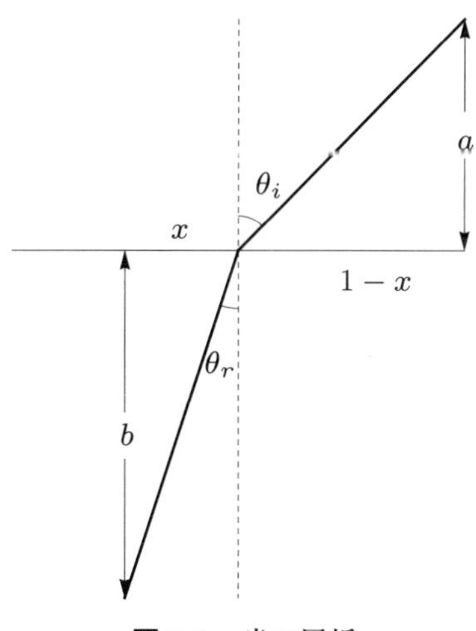

図 6.1　光の屈折

$$\sin\theta_i = \frac{1-x}{\sqrt{a^2+(1-x)^2}}$$
$$\sin\theta_r = \frac{x}{\sqrt{b^2+x^2}}$$

をみたします．光の空気中での速度を1とすると，光がaを出発してbに到達するには

$$f(x) = \sqrt{a^2+(1-x)^2} + r\sqrt{b^2+x^2}$$

だけの時間がかかることになります．光が最短の時間で達するには$f'(x)=0$を解いて

$$-\frac{1-x}{\sqrt{a^2+(1-x)^2}} + r\frac{x}{\sqrt{b^2+x^2}} = 0$$

すなわち

$$\frac{\sin\theta_i}{\sin\theta_r} = r$$

を得ます．これがスネル (Willebrord Snell, 1580–1626) の公式です．

空気を1とするとrの値は

	r
水	1.3330
ガラス	1.4585
ダイヤ	2.4195

となります．

このことは光がまるで生き物のように，目的に向かって一番近い経路を通ってたどり着くことを意味します．光には意思があるのでしょうか．物理の法則はこの他にも，浸透膜を隔てて，濃い食塩水と薄い食塩水を隣り合わせると，濃度のバランスをとろうと濃い食塩水の方へ薄い食塩水の方から水が入っていくように，意思があるもののごとく運動をすることが数多く見られます．これらを**変分原理**と呼んでいます．

6.4.1　オイラー方程式

関数の族が定義域の関数Iを考えます．つまり，Iは関数の関数で，かつては汎関数と呼ばれましたが，このような場合にも現代風に関数と呼ぶことにし

ましょう．関数の最大値や最小値を求める問題では，関数 f について定義域の x を動かします．それと同様に定義域に属する関数 f を動かしたときの I の最大値，最小値を求める問題を**変分問題**と呼びます．関数の極大値は微分係数が 0 になるところと特徴づけられます．これに対して，関数を定義域とする変分問題ではオイラー方程式により特徴づけることができます．

$$I(f) = \int_a^b L(t, f, f')\,dt$$

と表される場合の極値問題を考えましょう．$\eta(t)$ が境界条件 $\eta(a) = \eta(b) = 0$ をみたしているとします．そして，1 つの関数 f_0 からちょっとだけ変化をさせた関数

$$f(t) = f_0(t) + \varepsilon\eta(t)$$

を考えると，f_0 が極値を与える関数であるならば，上の境界条件をみたす任意の η について，I を ε の関数とみなして，

$$\frac{dI}{d\varepsilon}(0) = 0$$

をみたしているはずです．

$$\begin{aligned}
\frac{dI}{d\varepsilon} &= \frac{d}{d\varepsilon}\int_a^b L(t, f, f')\,dt \\
&= \int_a^b \Big(\frac{\partial L}{\partial f}(t)\frac{\partial f}{\partial \varepsilon}(t) + \frac{\partial L}{\partial f'}(t)\frac{\partial f'}{\partial \varepsilon}(t)\Big)\,dt \\
&= \int_a^b \Big(\frac{\partial L}{\partial f}(t)\eta(t) + \frac{\partial L}{\partial f'}(t)\eta'(t)\Big)\,dt
\end{aligned}$$

であり，後項を部分積分をして，η の境界条件 $\eta(a) = \eta(b) = 0$ を使うと

$$\begin{aligned}
\frac{dI}{d\varepsilon} &= \int_a^b \frac{\partial L}{\partial f}(t)\eta(t)\,dt + \left[\frac{\partial L}{\partial f'}(t)\eta(t)\right]_a^b - \int_a^b \left(\frac{d}{dt}\frac{\partial L}{\partial f'}(t)\right)\eta(t)\,dt \\
&= \int_a^b \eta(t)\Big\{\frac{\partial L}{\partial f} - \frac{d}{dt}\frac{\partial L}{\partial f'}(t)\Big\}\,dt
\end{aligned}$$

を得ます．これがどのような η についても 0 でなければならないのですから

$$\frac{\partial L}{\partial f} = \frac{d}{dt}\frac{\partial L}{\partial f'}(t)$$

が $f = f_0$ で成立することになります．この式を**オイラー方程式**と言います．特殊な場合を考えておきましょう．

- **L が f' によらず f のみの関数のとき**
  オイラー方程式は
  $$\frac{\partial L}{\partial f} = 0$$
  すなわち，L は定数となります．
- **L が f によらず f' のみの関数のとき**
  オイラー方程式より
  $$\frac{d}{dt}\frac{\partial L}{\partial f'}(t) = 0$$
  すなわち，$\frac{\partial L}{\partial f'}(t)$ が定数ということになります．
- **L が t によらず f と f' のみの関数のとき**
  $$\frac{dL}{dt} = \frac{\partial L}{\partial f}(t)f'(t) + \frac{\partial L}{\partial f'}(t)f''(t)$$
  ですから，オイラー方程式から
  $$\begin{aligned}\frac{dL}{dt} &= \frac{d}{dt}\left(\frac{\partial L}{\partial f'}(t)\right)f'(t) + \frac{\partial L}{\partial f'}(t)f''(t)\\ &= \frac{d}{dt}\left(\frac{\partial L}{\partial f'}(t)f'(t)\right)\end{aligned}$$
  となり，したがって
  $$L(f, f') - \frac{\partial L}{\partial f'}(t)f'(t) = \text{定数} \tag{6.2}$$
  を得ます．これを**ベルトラミの公式**と言います．

例 6.8（最短距離）　2点 $\mathrm{P}(0,0)$, $\mathrm{Q}(a,b)$ を結ぶ最短経路を求めてみましょう．もちろん，答えは2点Pと Q を結ぶ直線に決まっています．これを変分法で解きましょう．2点Pと Q を結ぶ任意の曲線を $y = f(x)$ としましょう．この長さ $I(f)$ は

$$I(f) = \int_0^a \sqrt{1+(f'(x))^2}dx$$

で与えられるので，$L(f, f') = \sqrt{1+(f'(x))^2}$ の場合の変分問題に帰着されます．最短距離はこの $I(f)$ の最小値ですから，オイラー方程式において，L が f によらない場合になり，$\frac{\partial L}{\partial f'}(x)$ が定数，すなわち

$$\frac{\partial L}{\partial f'}(x) = \frac{f'(x)}{\sqrt{1+(f'(x))^2}} = \text{定数}$$

を解けば，f' が定数，すなわち，$f(x) = cx + d$ となります．しかし，f は2点PとQを通らねばなりませんから，$f(x) = cx + d$ は2点PとQを通る直線になるという当然の結果が得られました．

当たり前のことをわざとらしく難しい形にして解いたと言えるでしょうが，例えば，球面などの曲面上の最短距離を求める問題に発展させれば，重要な問題になることがわかると思います．微分幾何学では測地線と呼ばれるものが最短距離を与えるものになります．

例 6.9（懸垂曲線） 2.3.1 項で考えた懸垂曲線を変分問題として考えてみましょう．ひもの曲線を $y = f(x)$ で表しましょう．ひものもっとも低い点から曲線の上の点までの長さを s としましょう．曲線の s のところでの s から $s + ds$ までのひもの長さは水平方向を dx とすると $ds = \sqrt{1+(f'(x))^2}\,dx$ なので，s から $s + ds$ までの微小部分の位置エネルギーはひもの単位長さあたりの質量 ρ を用いて，$\rho g f(x)\sqrt{1+(f'(x))^2}\,dx$ とみなせ，ひもの長さを l とすると全エネルギーは

$$U = \rho g \int_0^l f(x)\sqrt{1+(f'(x))^2}\,dx$$

をみたします．自然の法則はこのエネルギーを最小にするという変分原理を適用しましょう．この場合，$L(f, f') = f(x)\sqrt{1+(f'(x))^2}$ であり，オイラー方程式は L が x によらないので，ベルトラミの公式により

$$L(f, f') - \frac{\partial L}{\partial f'}(x)f'(x) = f(x)\sqrt{1+(f'(x))^2} - f(x)\frac{(f'(x))^2}{\sqrt{1+(f'(x))^2}}$$

$$= \frac{f(x)}{\sqrt{1+(f'(x))^2}} = \text{定数}$$

により

$$(f(x))^2 = C(1+(f'(x))^2)$$

をみたすことになります．したがって

$$f(x) = \sqrt{C}\cosh(x/\sqrt{C})$$

が解になることがわかります．2.3.1 項で求めた懸垂曲線 $y = \frac{1}{C}(\cosh(Cx)-1)$ において，C を $\frac{1}{\sqrt{C}}$ と変えて，上下に平行移動したものにこれはなっています．

6.4.2　ラグランジュの運動方程式に戻って

ラグランジュの運動方程式

$$\frac{d}{dt}\frac{\partial L}{\partial \dot{q}} = \frac{\partial L}{\partial q}$$

は f を q としたときのまさにオイラー方程式です．このことは，自然が

$$\int L(t,q,q')\,dt$$

を最小にする解を選ぶ，すなわち，自然には意思があるということを意味しているのかもしれません．この変分原理を用いて，面白い問題を考えましょう．

例 6.10（最速降下曲線）　この問題にはヤコブ，ヨハンのベルヌーイ兄弟 (Jakob Bernoulli, 1654–1705, Johann Bernoulli, 1667–1748) や微分の創始者である 2 人，ニュートンとライプニッツ，そしてロピタル (Guillaume Fran cois Antoine Marquis de l'Hôpital, 1661–1704) といった有名人を巻き込んだ，名誉欲にとりつかれた人々の見苦しい逸話があるようです．

それはともかく，最速降下曲線を求める問題とは，ある高さにあるボールが離れた所にもっとも早くたどり着ける坂道はどのようなものか，というきわめてわかりやすい問題です．目的地が真下なら，直線が答えに決まっています．離れている場合，2 点を結ぶ直線が速そうですが，初速を 0 にするので，そこ

でもたもたしてしまうと時間がかかってしまうので，最初になるべく垂直に近くして，勢いをつけた方が早く到着するというわけです．

形をきれいにするため，通常とは異なり，下向きの方向を y 軸の正の方向としましょう（図 6.2）．坂道を表す曲線を $y = f(x)$ とします．仮定より，$f(0) = 0$，$f(a) = b$ をみたします $(a, b > 0)$．

運動エネルギーは

$$
\begin{aligned}
T &= \frac{1}{2}mv^2 = \frac{1}{2}m\left(\left(\frac{dx}{dt}\right)^2 + \left(\frac{dy}{dt}\right)^2\right) \\
&= \frac{1}{2}m\left(\left(\frac{dx}{dt}\right)^2 + \left(\frac{dy}{dx}\frac{dx}{dt}\right)^2\right) \\
&= \frac{1}{2}m(1 + f'(x)^2)\left(\frac{dx}{dt}\right)^2,
\end{aligned}
$$

場所 x における位置エネルギーは y 軸を下向きにとったので $V = -mgf(x)$，さらに時刻 0 では速度 0 でころがすので，総エネルギー $T + V = 0$ であるので

$$
\frac{1}{2}m(1 + f'(x)^2)\left(\frac{dx}{dt}\right)^2 - mgf(x) = 0
$$

を得ます．これより

$$
\left(\frac{dx}{dt}\right)^2 = \frac{2gf(x)}{1 + f'(x)^2}
$$

(a, b) に到着する時間を t_0 とすると

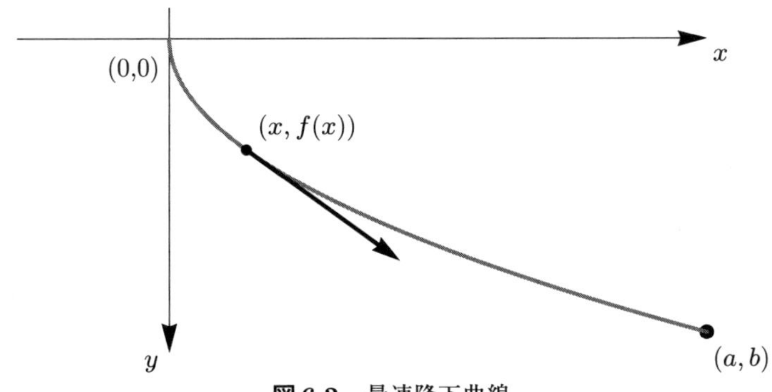

図 6.2　最速降下曲線

$$t_0 = \int_0^a \sqrt{\frac{1+f'(x)^2}{2gf(x)}}\,dx \tag{6.3}$$

をみたします．この t_0 の最小値を求めるのですから，ラグランジアンを

$$L(f, f') = \sqrt{\frac{1+f'(x)^2}{f(x)}}$$

ととって，ベルトラミの公式 (6.2) を用いると，定数 C が存在して

$$-\frac{\sqrt{1+f'^2}}{\sqrt{f}} + f'\frac{f'}{\sqrt{1+f'^2}}\frac{1}{\sqrt{f}} = \frac{1}{C}$$

となります．両辺を 2 乗して整理すると

$$\frac{f'^4}{1+f'^2} + 1 - f'^2 = \frac{f}{C^2}.$$

これから

$$f'^2 = \frac{C^2 - f}{f} \tag{6.4}$$

を得ます．この式で

$$f(x) = \frac{C^2}{2}(1 - \cos\theta(x)) = C^2 \sin^2\frac{\theta(x)}{2}$$

とおくと，上の式は

$$C^4 \sin^2\frac{\theta}{2}\cos^2\frac{\theta}{2}\left(\frac{d\theta}{dx}\right)^2 = \frac{\cos^2\frac{\theta}{2}}{\sin^2\frac{\theta}{2}}$$

となるので，

$$dx = C^2 \sin^2\frac{\theta}{2}\,d\theta = \frac{C^2}{2}(1 - \cos\theta)\,d\theta$$

となり，これを積分して

$$x = \frac{C^2}{2}(\theta - \sin\theta)$$

を得ます．一方，

$$y = f(x) = \frac{C^2}{2}(1 - \cos\theta)$$

なので，これはサイクロイド曲線になります（図 6.3）．

$(a, b) = (x, y)$ をみたす C と θ を求めるのは容易ではありませんが，特殊な場合，$y = 0$ になる状況を考えてみましょう．この場合には，ボールを転がせばまたもとに戻ることを繰り返しますから，一定の周期をもつ振り子になります．この振り子をサイクロイド振り子と言います．$\theta = 2\pi$ ですから，そのときの x 座標は πC^2 です．したがって，式 (6.4) より

$$1 + f'(x)^2 = 1 + \frac{C^2 - f(x)}{f(x)} = \frac{C^2}{f(x)}$$

ですから

$$\sqrt{\frac{1 + f'(x)^2}{f(x)}} = \frac{C}{f(x)} = \frac{2}{C(1 - \cos\theta)}$$

を得ます．式 (6.3) より

$$t_0 = \frac{1}{\sqrt{2g}} \int_0^{2\pi} \frac{2}{C(1 - \cos\theta)} \frac{C^2}{2}(1 - \cos\theta)\, d\theta = 2\pi \frac{1}{\sqrt{2g}} C.$$

を得ますが，これは片道なので，この 2 倍が周期になります．

これを用いた笑い話があります．地球の切り口を平らに伸ばしたときに，サイクロイドになるように穴を掘って地球の裏側まで行きましょう．サイクロイドに沿って 0 から πC^2 まで行く長さは

$$\int_0^{\pi C^2} \sqrt{1 + f'(x)^2}\, dx = \int_0^{2\pi} \sqrt{\frac{C^2}{f(x)}} \frac{dx}{d\theta} d\theta$$

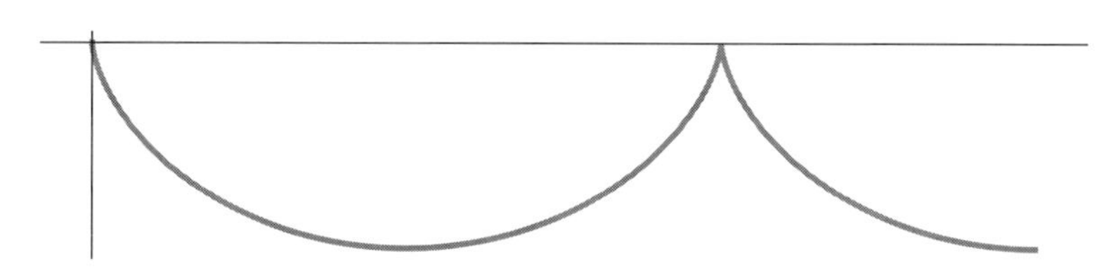

図 6.3　サイクロイド曲線

$$= \int_0^{2\pi} \sqrt{\frac{2}{1-\cos\theta}\frac{C^2}{2}(1-\cos\theta)}\,d\theta$$
$$= \frac{C^2}{\sqrt{2}}\int_0^{2\pi}\sqrt{1-\cos\theta}\,d\theta = 4C^2$$

より，穴の向こう側のブラジルまで，地球の半周は約2万kmですから

$$4C^2 \approx 2\times 10^7 \mathrm{m}$$

とみなしてよいでしょう．したがって，片道は

$$\pi\frac{1}{\sqrt{2g}}\times\sqrt{\frac{2\times 10^7}{4}} \approx 1586\,秒 \approx 26\,分$$

しかかからないことがわかります．

6.4.3　補足：ワリスの公式

$$\int_0^{\pi/2}\sin^n x\,dx = \int_0^{\pi/2}\cos^n x\,dx = \frac{(n-1)!!}{n!!}\times\begin{cases}\frac{\pi}{2} & (n：偶数)\\ 1 & (n：奇数)\end{cases}$$

をまず示しましょう．ここでnが奇数ならば

$$n!! = n(n-2)(n-4)\cdots 1,$$

nが偶数ならば

$$n!! = n(n-2)(n-4)\cdots 2$$

を表します．ところで，偶数のときには，一般化された2項係数を用いて

$$\int_0^{\pi/2}\sin^{2n} x\,dx = (-1)^n\binom{-1/2}{n}\frac{\pi}{2}$$

と表すこともできます．

証明は帰納法です．まず

$$\int_0^{\pi/2}(\cos x)^0\,dx = \int_0^{\pi/2}(\sin x)^0\,dx = \frac{\pi}{2}$$

$$\int_0^{\pi/2} \cos x\,dx = [\sin x]_0^{\pi/2} = 1$$
$$\int_0^{\pi/2} \sin x\,dx = [-\cos x]_0^{\pi/2} = 1$$

を確認しておきましょう．ここで

$$I_n = \int_0^{\pi/2} \sin^n x\,dx$$

とおくと，部分積分により

$$\begin{aligned} I_{n+1} &= \int_0^{\pi/2} \sin x \cdot \sin^n x\,dx \\ &= [-\cos x\ \sin^n x]_0^{\pi/2} + \int_0^{\pi/2} \cos x\ n \sin^{n-1} x\ \cos x\,dx \\ &= n\int_0^{\pi/2} \sin^{n-1} x\,dx - n\int_0^{\pi/2} \sin^{n+1} x\,dx \end{aligned}$$

となり

$$I_{n+1} = \frac{n}{n+1} I_{n-1}$$

を得ます．$I_n = \int_0^{\pi/2} \cos^n x\,dx$ としたときも同じ式を得ます．これと帰納法の仮定により命題は証明されました．

この命題を用いると，

$$\begin{aligned} \int_0^{\pi/2} \sin^{2n+1} x\,dx &= \frac{(2n)(2n-2)\cdots 2}{(2n+1)(2n-1)\cdots 3} \int_0^{\pi/2} \sin x\,dx \\ &= \frac{(2n)(2n-2)\cdots 2}{(2n+1)(2n-1)\cdots 3 \cdot 1} \\ &= \frac{(2n)!!}{(2n-1)!!} \end{aligned}$$

が成り立ちます．

$$\int_0^{\pi/2} \sin^{2n} x\,dx = (-1)^n \binom{-1/2}{n} \frac{\pi}{2} \tag{6.5}$$

を示しましょう．上の証明より

$$\begin{aligned}\int_0^{\pi/2} \sin^{2n} x\, dx &= \frac{(2n-1)(2n-2)\cdots 1}{(2n)(2n-2)\cdots 2} \int_0^{\pi/2} dx \\ &= \frac{(2n-1)(2n-3)\cdots 1}{(2n)(2n-2)\cdots 2} \frac{\pi}{2} \\ &= \frac{(2n-1)!!}{(2n)!!} \frac{\pi}{2}\end{aligned}$$

で証明が終わります．さらに，分母分子を 2^n で割ると

$$\begin{aligned}\frac{(2n-1)!!}{(2n)!!} \frac{\pi}{2} &= \frac{(n-1/2)(n-3/2)\cdots 1/2}{n(n-1)\cdots 2} \frac{\pi}{2} \\ &= (-1)^n \frac{(-1/2)(-1/2-1)\cdots(-1/2-n+1)}{n!} \frac{\pi}{2} \\ &= (-1)^n \binom{-1/2}{n} \frac{\pi}{2}\end{aligned}$$

を得ます．

第7章

微分の意味するもの，そして進んだ物理学

この章では，現在も盛んに研究されている重要な方程式について，その成り立ちを含めて簡単に紹介しましょう．その前に，物理で頻繁に使用される微分の作用素の説明をします．

7.1　ベクトル解析

まず，物理で用いられる記号を説明しておきましょう．これらの記号を用いることで，それぞれの項のもつ意味がわかりやすくなります．

7.1.1　勾配 (grad)

直感的にわかりやすいように f を $\mathbb{R}^2$ の上の関数としましょう．f は平面の上の山や谷と考えることができます．このとき，

$$\operatorname{grad} f = \Big(\frac{\partial f}{\partial x}, \frac{\partial f}{\partial y}\Big)$$

と定めます．関数 f が速度 $v = (v_x, v_y)$ 方向に移動するとき，単位時間あたりの移動に相当する方向微分を

$$D_v f(x,y) = \lim_{h \to 0} \frac{f(x + hv_x, y + hv_y) - f(x,y)}{h}$$

で定義すると，関数 f の偏微分が連続（C^1 級）ならば，内積を用いて

$$D_v f(x,y) = \frac{\partial f}{\partial x} v_x + \frac{\partial f}{\partial y} v_y = (\operatorname{grad} f, v)$$

と表せます．長さ1のベクトル v の中で，この方向微分が最大になるのは，v が $\operatorname{grad} f$ と平行になったとき，言い換えれば $\operatorname{grad} f$ は f の傾きがもっとも急な方向を表していることになります．このことから $\operatorname{grad} f$ は勾配と呼ばれています．形式的に**ナブラ**と呼ばれる記号 $\nabla = (\frac{\partial}{\partial x}, \frac{\partial}{\partial y})$ を用いて，$\operatorname{grad} f = \nabla f$ と表すこともあります．

3次元以上の高次元の場合にも同様に定義します．3次元ならば

$$\operatorname{grad} f = \left(\frac{\partial f}{\partial x}, \frac{\partial f}{\partial y}, \frac{\partial f}{\partial z}\right)$$

となります．

7.1.2　拡散 (div)

ここでも直感的にわかりやすくするために，$\boldsymbol{F} = (f, g)$ を $\mathbb{R}^2$ の上のベクトル場とします．このとき，

$$\operatorname{div} \boldsymbol{F} = \frac{\partial f}{\partial x} + \frac{\partial g}{\partial y}$$

です．1辺が h で左下の点を (x, y) とする正方形を考えましょう (図 7.1)．左側の辺から入ってくる量は $f(x, y) \times h$, 右側の辺から出ていく量は $f(x+h, y) \times h$,

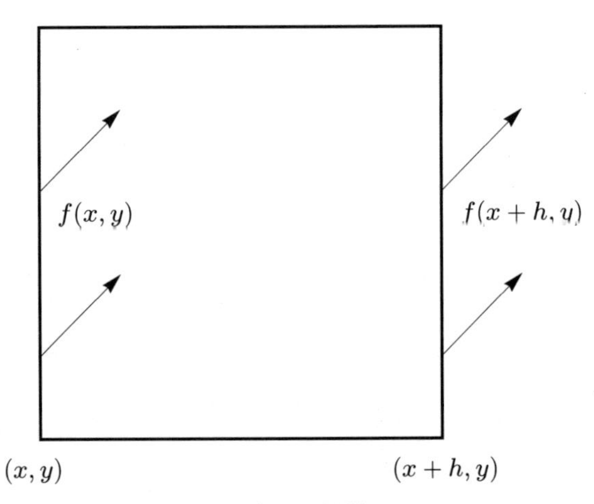

図 7.1　x 方向への拡散

したがって，差し引き

$$f(x+h,y)h - f(x,y)h \approx \frac{\partial f}{\partial x} h^2$$

となります．同じように，下側の辺から入り，上側から抜けていく量を考えれば，全体で $\operatorname{div} \boldsymbol{F} \times h^2$ だけ，この正方形から出ていきますから，単位面積あたりの出て行く量が拡散 $\operatorname{div} \boldsymbol{F}$ ということになります．

記号ナブラ $\nabla = (\frac{\partial}{\partial x}, \frac{\partial}{\partial y})$ をベクトルのように考え，ベクトル場と内積をとるとみなせば

$$\operatorname{div} \boldsymbol{F} = (\nabla, \boldsymbol{F})$$

とも表せます．

3 次元の場合にも同じように定義できます．3 次元の場合には．ベクトル場 $\boldsymbol{F} = (f, g, h)$ について

$$\operatorname{div} \boldsymbol{F} = \frac{\partial f}{\partial x} + \frac{\partial g}{\partial y} + \frac{\partial h}{\partial z}$$

となります．内積を用いて形式的に

$$\operatorname{div} \boldsymbol{F} = (\nabla, \boldsymbol{F}) = \left(\begin{pmatrix} \frac{\partial}{\partial x} \\ \frac{\partial}{\partial y} \\ \frac{\partial}{\partial z} \end{pmatrix}, \begin{pmatrix} f \\ g \\ h \end{pmatrix} \right)$$

と表すこともできます．

7.1.3　回転 (rot)

回転は 3 次元でないと意味をもちません．これまでに定義してきた grad や div などと違うことに注意しましょう．

$\boldsymbol{F} = (f, g, h)$ を $\mathbb{R}^3$ のベクトル場としましょう．

$$\operatorname{rot} \boldsymbol{F} = \left(\frac{\partial h}{\partial y} - \frac{\partial g}{\partial z}, \frac{\partial f}{\partial z} - \frac{\partial h}{\partial x}, \frac{\partial g}{\partial x} - \frac{\partial f}{\partial y} \right)$$

と定めます．外積を用いて形式的に

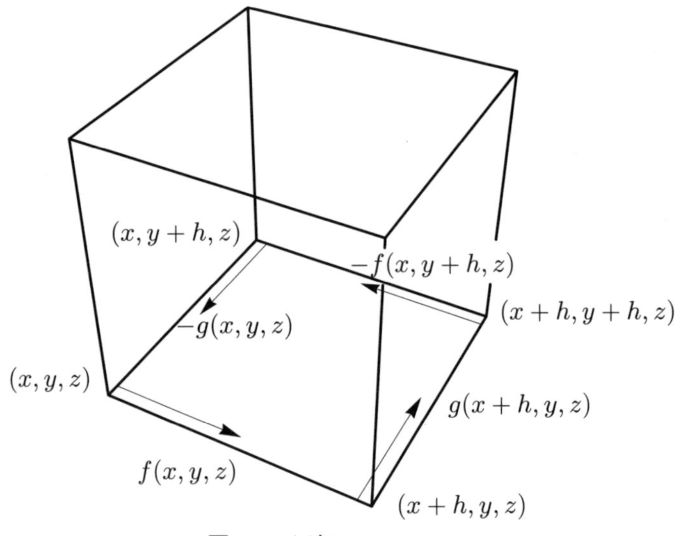

図 7.2　回転

$$\operatorname{rot} \boldsymbol{F} = \nabla \times \boldsymbol{F} = \begin{pmatrix} \frac{\partial}{\partial x} \\ \frac{\partial}{\partial y} \\ \frac{\partial}{\partial z} \end{pmatrix} \times \begin{pmatrix} f \\ g \\ h \end{pmatrix}$$

とも表せます．

xy 平面内に (x, y, z) を左下の点として1辺 h の正方形を考え，それを左回りに1周しましょう．(x, y, z) から $(x+h, y, z)$ へ移動する際に，それを手助けしてくれる力は $f(x, y, z) \times h$，逆に $(x+h, y+h, z)$ から $(x, y+h, z)$ に戻る際に，手助けしてくれる力は $-f(x, y+h, z) \times h$ なので，差し引き

$$-f(x, y+h, z)\, h + f(x, y, z)\, h \approx -\frac{\partial f}{\partial y}\, h^2,$$

同様に y 方向に移動するときに得る量は

$$g(x+h, y, z)\, h - g(x, y, z)\, h \approx \frac{\partial g}{\partial x}\, h^2$$

であるので，1周するときに手助けしてくれる力は，単位面積あたり

$$\frac{\partial g}{\partial x} - \frac{\partial f}{\partial y}$$

というわけです．この回転の力を右ねじの法則を考えるように，xy 平面に直角なベクトルとして与えることにします．同様に yz 平面や zx 平面に回転する力を考えたのが回転 rot であるというわけです．

7.1.4 grad, div, rot に関する公式

ベクトル量に対する微分演算を行って，さまざまな関係式を研究することをベクトル解析と言い，物理学では基本的な道具として利用します．以下の式では現れる関数やベクトル場は十分に滑らかであること，すなわち必要なだけ微分可能であることを仮定しています．まず，微分の和や積の公式から次のような関係が成り立つことは容易に確かめられます．

$$\mathrm{grad}(af + bg) = a\,\mathrm{grad}\,f + b\,\mathrm{grad}\,g$$
$$\mathrm{grad}(fg) = f \times \mathrm{grad}\,g + g \times \mathrm{grad}\,f,$$

同様に，f を関数，$\boldsymbol{F}, \boldsymbol{G}$ をベクトル場とするとき，

$$(\nabla, (a\boldsymbol{F} + b\boldsymbol{G})) = a(\nabla, \boldsymbol{F}) + b(\nabla, \boldsymbol{G})$$
$$(\nabla, (f\boldsymbol{F})) = f(\nabla, \boldsymbol{F}) + (\nabla f, \boldsymbol{F})$$

も微分の和や積の公式から容易に導けます．

よく使われる重要な式としては

$$\mathrm{div}(\mathrm{grad}\,f) = \Delta f \tag{7.1}$$
$$\mathrm{rot}(\mathrm{grad}\,f) = 0 \tag{7.2}$$
$$\mathrm{div}(\mathrm{rot}\,\boldsymbol{F}) = 0 \tag{7.3}$$
$$\mathrm{rot}(\mathrm{rot}\,\boldsymbol{F}) = \mathrm{grad}(\mathrm{div}\,\boldsymbol{F}) - \Delta\boldsymbol{F} \tag{7.4}$$

があげられます．どれも一見，難しそうに見えますが，定義に戻って計算するだけで何も特殊なテクニックを用いることなく確かめることができます．

証明.　式 (7.1) は

$$\begin{aligned}\operatorname{div}(\operatorname{grad} f)) &= \operatorname{div}\left(\frac{\partial f}{\partial x}, \frac{\partial f}{\partial y}, \frac{\partial f}{\partial z}\right)\\ &= \frac{\partial}{\partial x}\left(\frac{\partial f}{\partial x}\right) + \frac{\partial}{\partial y}\left(\frac{\partial f}{\partial y}\right) + \frac{\partial}{\partial z}\left(\frac{\partial f}{\partial z}\right) = \Delta f\end{aligned}$$

式 (7.2) は

$$\operatorname{rot}(\operatorname{grad} f) = \operatorname{rot}\left(\frac{\partial f}{\partial x}, \frac{\partial f}{\partial y}, \frac{\partial f}{\partial z}\right)$$

です．例えばこの x 座標は

$$\frac{\partial}{\partial y}\left(\frac{\partial f}{\partial z}\right) - \frac{\partial}{\partial z}\left(\frac{\partial f}{\partial y}\right)$$

ですから，f が C^2 級ならば微分の順序が交換できるので 0 に等しいことがわかります．

式 (7.3) は $\boldsymbol{F} = (f, g, h)$ とすると

$$\begin{aligned}\operatorname{div}(\operatorname{rot} \boldsymbol{F}) &= \operatorname{div}\left(\frac{\partial h}{\partial y} - \frac{\partial g}{\partial z}, \frac{\partial f}{\partial z} - \frac{\partial h}{\partial x}, \frac{\partial g}{\partial x} - \frac{\partial f}{\partial y}\right)\\ &= \frac{\partial}{\partial x}\left(\frac{\partial h}{\partial y} - \frac{\partial g}{\partial z}\right) + \frac{\partial}{\partial y}\left(\frac{\partial f}{\partial z} - \frac{\partial h}{\partial x}\right) + \frac{\partial}{\partial z}\left(\frac{\partial g}{\partial x} - \frac{\partial f}{\partial y}\right)\end{aligned}$$

となり，整理をすれば，上と同様に f, g, h が C^2 級ならば，0 に等しいことがわかるでしょう．

式 (7.4) は

$$\operatorname{rot}(\operatorname{rot} \boldsymbol{F}) = \operatorname{rot}\left(\frac{\partial h}{\partial y} - \frac{\partial g}{\partial z}, \frac{\partial f}{\partial z} - \frac{\partial h}{\partial x}, \frac{\partial g}{\partial x} - \frac{\partial f}{\partial y}\right)$$

の例えば x 座標を考えると

$$\begin{aligned}&\frac{\partial}{\partial y}\left(\frac{\partial g}{\partial x} - \frac{\partial f}{\partial y}\right) - \frac{\partial}{\partial z}\left(\frac{\partial f}{\partial z} - \frac{\partial h}{\partial x}\right)\\ &\quad= \frac{\partial^2 g}{\partial x \partial y} + \frac{\partial^2 h}{\partial z \partial x} - \frac{\partial^2 f}{\partial y^2} - \frac{\partial^2 f}{\partial z^2}\\ &\quad= \frac{\partial^2 f}{\partial x^2} + \frac{\partial^2 g}{\partial x \partial y} + \frac{\partial^2 h}{\partial z \partial x} - \frac{\partial^2 f}{\partial x^2} - \frac{\partial^2 f}{\partial y^2} - \frac{\partial^2 f}{\partial z^2}\end{aligned}$$

$$= \frac{\partial}{\partial x} \operatorname{div} \boldsymbol{F} - \Delta f$$

により証明が終わります． □

7.2 マクスウェルの方程式

ファラデー (Michael Faraday, 1791–1867) は実験によりファラデーの電磁誘導の法則など数多くの理論を作ったようです．彼は小学校しか出ていないので，数学的な議論は得意ではなかったのかもしれません．実験の天才ファラデーに対し，数学能力にすぐれた理論の天才マクスウェル (James Clerk Maxwell, 1831–1879) がファラデーの実験結果を数学的に整理しました．

物理での慣習に従い，この節では内積は $\cdot$ を用いて，他の節での $(\boldsymbol{x}, \boldsymbol{y})$ の代わりに $\boldsymbol{x} \cdot \boldsymbol{y}$ と表すことにします．また，ベクトルは太字で表します．その他に3次元の領域を V などと表し，その境界となる閉曲面を S，3次元内の2次元の面も S，その周囲となる閉曲線を C と表すことにします．

定数を単純にするために CGS 単位系[1] で考えることにします．真空中のマクスウェルの方程式は

$$\operatorname{rot} \boldsymbol{E} + \frac{1}{c}\frac{\partial \boldsymbol{B}}{\partial t} = \boldsymbol{0} \tag{7.5}$$

$$\operatorname{rot} \boldsymbol{B} - \frac{1}{c}\frac{\partial \boldsymbol{E}}{\partial t} = \frac{4\pi}{c}\boldsymbol{i} \tag{7.6}$$

$$\operatorname{div} \boldsymbol{E} = 4\pi\rho \tag{7.7}$$

$$\operatorname{div} \boldsymbol{B} = 0 \tag{7.8}$$

と表されます．ここで太字はすべてベクトルですから，この4つの方程式は実際には10個の方程式です．ここで，$\boldsymbol{E}$ は電場，$\boldsymbol{B}$ は磁場，$\boldsymbol{i}$ は電流，ρ は電荷密度，そして c は光速です．電荷と磁荷に分けると似た方程式2つに分類されるわけですが，ちょっと右辺が違います．それは電荷ではプラスとマイナスの電荷が別れて存在することができて，それが移動することにより，電流を考えることができるからです．それに対して，磁荷はNとSは単独では存在で

[1] CGS 単位系とは長さを cm，重さを g，時間を秒で考えるもので，他に長さを m，重さを kg，時間を秒で考える MKS 単位系があります．

きず，そのために磁流というものが存在しないからです．もし存在すれば，式 (7.5) と式 (7.8) の右辺にそれぞれ磁流と磁荷密度が入り，まったく同じような方程式になるはずです．単独の磁荷（磁気モノポール）が存在するのではないかという実験は現在でもさかんに行われているようです．

マクスウェルの方程式を導いてみましょう．まず，力学の万有引力の法則に対して，電磁気のクーロン (Charles-Augustin de Coulomb, 1736–1806) の法則

$$F = \frac{Q_1 Q_2}{r^2}$$

を考えます．Q_1, Q_2 は電荷，r は2つの電荷の間の距離で，力 F は電荷 Q_1, Q_2 が同符号ならば反発する方向に，異符号ならば引き合う方向に働きます．

ファラデーが考え出したのが，電場という考え方です．電荷のある点からは電場というものが出ていると考えるのです．磁石の場合にはその周りに砂鉄を撒くときれいな線が現れます．これが磁場のイメージです．この線に沿って磁荷が流れると考えます．点 $(0,0)$ に電荷 Q があるとき，点 $(0,0)$ から距離 r にある電場の強さは

$$E = \frac{Q}{r^2}$$

で方向は，Q が正ならば $(0,0)$ からその点に向かう方向，負ならばその点から $(0,0)$ に向かう方向で電場 $\boldsymbol{E}$ を考えます．その点に電荷 Q_0 を置けば，その2つの電荷に働く力は方向も考慮に入れて，ベクトルで

$$\boldsymbol{F} = Q_0 \boldsymbol{E}$$

となります．電荷が2つ以上あれば，それらの電場のベクトルの重ね合わせが電場になります．電場の作るベクトル場は図 7.3 のようになります．

電荷のない空間内の微小で薄い直方体 V を考えます．左の面から入った電場はすべて右の電場から抜けていくとします．この直方体 V の境界 S において，外向きの法線を $\boldsymbol{N}$ と表して，面積分

$$\int_S \boldsymbol{E} \cdot \boldsymbol{N}\, dS$$

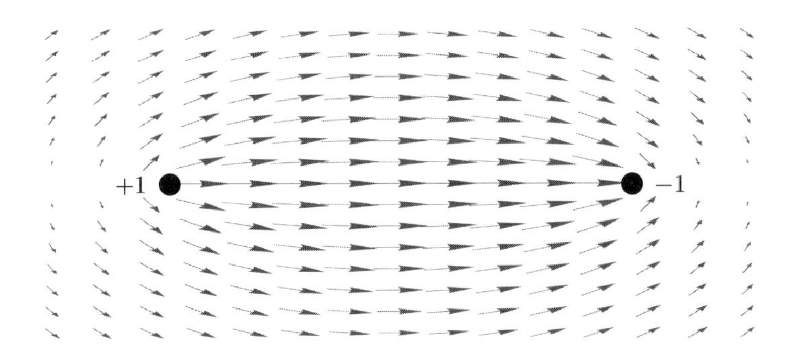

図 7.3　+1 にマイナス 1，−1 にプラス 1 の電荷を置いた電場

を考えると，

左の面から電場の面との直交方向成分 × 左の面の面積

が直方体に入り，

右の面から電場の面との直交方向成分 × 右の面の面積

が出ていくことになりますから，これらは加えると 0 になります．ここで，電場が電荷のみによって作られる真空中を考えましょう．原点に電荷 Q をおいて，原点中心の半径 r の球 V の表面 S を通過する電場が球内の電荷から湧き出してくることを考えると

$$\int_S \boldsymbol{E} \cdot \boldsymbol{N}\, dS = \frac{Q}{r^2} \times 4\pi r^2 = 4\pi Q$$

が成り立ちます．これらのことから，一般に $\int_S \boldsymbol{E} \cdot \boldsymbol{N}\, dS$ は V 内の電荷の和の 4π 倍に等しいことがわかりますから，V 内の電荷密度を ρ とすると

$$\int_S \boldsymbol{E} \cdot \boldsymbol{N}\, dS = 4\pi \int_V \rho(\boldsymbol{x})\, dV \tag{7.9}$$

が成り立ちます．ここで記号の統一のために，$d\boldsymbol{x}$ を dV と表しました．

ガウスの定理 (7.28) により

$$\int_S \boldsymbol{E} \cdot \boldsymbol{N}\, dS = \int_V \operatorname{div} \boldsymbol{E}\, dV$$

が成り立ちますから，式 (7.9) と比較すると，マクスウェルの式の1つである式 (7.7)

$$\mathrm{div}\, \boldsymbol{E} = 4\pi\rho$$

を得ます．

直線を流れる一定の電流（定常電流）は磁場を作っていると考えます．距離 r だけ離れたところの磁場の強さに関するビオ・サバール (Jena-Baptiste Biot, 1774–1862, Félix Savart, 1791–1841) の公式は

$$|\boldsymbol{B}| = \frac{2}{c}\frac{I}{r}$$

と表されます．$|\boldsymbol{B}|$ は磁場の強さ，I は電流の強さです．磁場は導線上の微小な部分 $d\boldsymbol{l}$ から作られる磁場の積分になっていると考えられるので，電流と微小部分の角度を θ とすると

$$|d\boldsymbol{B}| = \frac{1}{c}\frac{I\sin\theta}{r^2}\,d\boldsymbol{l}$$

とすればよいことになります．外積を用いてベクトルで表せば

$$d\boldsymbol{B} = \frac{1}{c}\frac{Id\boldsymbol{l}\times\boldsymbol{r}}{r^3}, \tag{7.10}$$

$\boldsymbol{x}$ での磁場を $\boldsymbol{B}(\boldsymbol{x})$，電流密度を $\boldsymbol{i}(\boldsymbol{x})$ とすると積分をして式 (7.10) は

$$\boldsymbol{B}(\boldsymbol{x}) = \frac{1}{c}\int\frac{\boldsymbol{i}(\boldsymbol{x}')\times(\boldsymbol{x}-\boldsymbol{x}')}{|\boldsymbol{x}-\boldsymbol{x}'|^3}\,d\boldsymbol{x}'$$

となります．そこで，ベクトルポテンシャルを

$$\boldsymbol{A} = \frac{1}{c}\int_V\frac{\boldsymbol{i}(\boldsymbol{x}')}{|\boldsymbol{x}-\boldsymbol{x}'|}\,d\boldsymbol{x}'$$

と定義すると

$$\boldsymbol{B} = \mathrm{rot}\,\boldsymbol{A}$$

と表せます．そこで，$\mathrm{div}\,\mathrm{rot} = 0$ ですから，マクスウェルの4番目の式 (7.8)

$$\mathrm{div}\,\boldsymbol{B} = 0$$

を得ました．

電流が磁場を作っているならば，磁場も電流を作るのではないかとファラデーは考えました．ところが意に反して，そうは簡単ではなかったのです．しかし，実験の天才であったファラデーは実験を繰り返すうちに，電流を入れたり切ったりするとそれによって作られた磁場から電流が生まれる，すなわち磁場の変化が電流を生むことを発見したのです．現代の視点から見れば，磁場の微分が電流を生むということです．これを**ファラデーの電磁誘導の法則**と言います．面 S 内を通過する磁場の変化は

$$\frac{d}{dt}\int_S \boldsymbol{B}\cdot\boldsymbol{N}\,dS$$

で与えられます．これによって磁場を打ち消す方向に S の周囲 C を回る電場が作られる，すなわち，C 上の微小線分 $\boldsymbol{l}$ に沿って1周した線積分

$$\int_C \boldsymbol{E}\cdot d\boldsymbol{l} = -\frac{1}{c}\frac{d}{dt}\int_S \boldsymbol{B}\cdot\boldsymbol{N}\,dS$$

が電磁誘導の式です．これにストークスの定理を用いて

$$\int_S \operatorname{rot}\boldsymbol{E}\cdot\boldsymbol{N}\,dS = -\frac{1}{c}\frac{d}{dt}\int_S \boldsymbol{B}\cdot\boldsymbol{N}\,dS$$

を得ますので，マクスウェルの1番目の式 (7.5)

$$\operatorname{rot}\boldsymbol{E} = -\frac{1}{c}\frac{\partial\boldsymbol{B}}{\partial t}$$

が得られました．

距離 r 離れた2本の平行な直線に電流 I, I' がそれぞれ流れているときに働く力は

$$F = \frac{2}{c}\frac{I\cdot I'}{r}$$

をみたすというのがアンペール (André-Marie Ampère, 1775–1836) の法則です．I と I' が同じ方向に流れていれば引力，逆に流れていれば斥力が働きます．磁場 $\boldsymbol{B}$ の中を速度 $\boldsymbol{v}$ で電荷 q が流れるときのフレミング (John Ambrose Fleming, 1849–1945) の法則による力は

$$\boldsymbol{F} = q\boldsymbol{v}\times\boldsymbol{B}$$

で与えられ，電流 $\boldsymbol{I} = q\boldsymbol{v}$ ですから

$$\boldsymbol{B} = \frac{2}{c}\frac{\boldsymbol{I}}{r}$$

を得ます．このことから，曲面 S の境界の閉曲線 C に沿って1周積分をすると

$$\int_C \boldsymbol{B}\cdot d\boldsymbol{l} = \frac{2}{c}I \times 2\pi = \frac{4\pi}{c}I$$

これは電流密度 $\boldsymbol{i}$ を用いると

$$\int_C \boldsymbol{B}\cdot d\boldsymbol{l} = \frac{4\pi}{c}\int_S \boldsymbol{i}\cdot\boldsymbol{N}dS$$

ですからストークスの定理 (7.29) により

$$\operatorname{rot}\boldsymbol{B} = \frac{4\pi}{c}\boldsymbol{i}, \tag{7.11}$$

を得ます．実際，式 (7.11) の両辺の div をとると，式 (7.3) により $\operatorname{div}\operatorname{rot} = 0$ ですから

$$0 = \operatorname{div}\operatorname{rot}\boldsymbol{B} = \frac{4\pi}{c}\operatorname{div}\boldsymbol{i} \tag{7.12}$$

となってしまいます．ところで，領域 V から流れ出る電荷は電荷の保存則

$$-\frac{d}{dt}\int_V \rho(\boldsymbol{x})\,dV = \int_S \boldsymbol{i}\cdot\boldsymbol{N}\,dS$$

をみたしますから，ガウスの定理 (7.28) により

$$\operatorname{div}\boldsymbol{i} = -\frac{d\rho}{dt} \tag{7.13}$$

が成り立ちます．そこで，電流が変化する場合にも通用するように，式 (7.12) の右辺を $\operatorname{div}\boldsymbol{i} + \frac{d\rho}{dt}$ にとり換えればよいだろうとマクスウェルは考えたのでしょう．マクスウェルの3番目の方程式 (7.7) を用いれば

$$\operatorname{div}\frac{\partial\boldsymbol{E}}{\partial t} = \frac{\partial}{\partial t}\operatorname{div}\boldsymbol{E} = 4\pi\frac{\partial}{\partial t}\rho$$

ですので

$$\operatorname{rot}\boldsymbol{B} = \frac{4\pi}{c}\boldsymbol{i} + \frac{1}{c}\frac{\partial\boldsymbol{E}}{\partial t}$$

という形を得ました．これがマクスウェルの 2 番目の方程式 (7.6) です．これでマクスウェルの方程式すべてが導かれました．

7.2.1　電磁波の方程式

真空中を伝わる電磁波について考えてみましょう．真空中ですから，電流は流れていませんので，$\boldsymbol{i} = \boldsymbol{0}, \rho = 0$ が成り立ちます．つまり，マクスウェルの方程式は

$$\operatorname{rot} \boldsymbol{E} + \frac{1}{c}\frac{\partial \boldsymbol{B}}{\partial t} = 0 \tag{7.14}$$

$$\operatorname{rot} \boldsymbol{B} - \frac{1}{c}\frac{\partial \boldsymbol{E}}{\partial t} = 0 \tag{7.15}$$

$$\operatorname{div} \boldsymbol{E} = 0 \tag{7.16}$$

$$\operatorname{div} \boldsymbol{B} = 0 \tag{7.17}$$

と表せます．

式 (7.14) の両辺に rot をかけましょう．

$$\operatorname{rot}(\operatorname{rot} \boldsymbol{E}) + \frac{1}{c}\frac{\partial}{\partial t}\operatorname{rot} \boldsymbol{B} = 0.$$

さらに式 (7.4) より $\operatorname{rot}(\operatorname{rot} X) = \operatorname{grad}(\operatorname{div} X) - \Delta X$ なので

$$\operatorname{grad}(\operatorname{div} \boldsymbol{E}) - \Delta \boldsymbol{E} + \frac{1}{c}\frac{\partial}{\partial t}\operatorname{rot} \boldsymbol{B} = 0$$

を得ます．これに，式 (7.15) と式 (7.16) を適用すれば

$$-\Delta E + \frac{1}{c}\frac{\partial}{\partial t}\left(\frac{1}{c}\frac{\partial \boldsymbol{E}}{\partial t}\right) = 0$$

となります．これを整理すれば

$$\frac{\partial^2}{\partial t^2}\boldsymbol{E} = \frac{1}{c^2}\Delta \boldsymbol{E}$$

と波動方程式を得て，電磁波は（したがって，光も）速度 c の波であることがわかりました．実際，$c \approx 2.997 \times 10^8\,\mathrm{m/s}$ と観測されています．

これはとても不思議なことです．というのは，電磁波と同じ速度で反対向きに運動している人からは電磁波は 2 倍の速度で移動しているように見えるはず

ですし，平行に走れば速度0に見えるはずです．この矛盾を解消するために，宇宙には重心があり，そこから見た速度を得たのではないか，という議論もあったそうです．でも，地球上で光の速度を測ったら，なんと理論値と一致してしまいました．ということは地球が宇宙の中心でなければならない．しかし，今さら天動説でもあるまいと混乱をしてしまいます．これを解消したのがアインシュタインの相対性理論だったわけです．特殊相対性理論についても述べたいところですが，それは線形代数の話題で，この本の趣旨と異なりますので割愛します．

7.3　シュレディンガー方程式

光が粒子であるか波であるかの議論はニュートンとホイヘンス (Chrisitiaan Huygens, 1629–1695) の間の激論から始まりました．アインシュタインは光子の存在を仮定し，有名な相対性理論の論文，ブラウン運動の論文とともに光量子仮説の論文を奇跡の年として知られている1905年に発表し，後にこの光量子に関する論文でノーベル賞を得ました．その後，1924年にド・ブロイ (Louis-Victor Pierre Raymond 7^{e} duc de Broglie, 1892–1987) は電磁波の粒子性と波動性を結びつけて，エネルギーを E，振動数を ν，運動量を p，波長を λ とすると

$$E = h\nu, \quad p = \frac{h}{\lambda}$$

とする関係式を導きました．ここで h はプランク定数と呼ばれる定数です．この式を出発点にして，量子力学の基本的な式であるシュレディンガー方程式を導きましょう．

原点で周期 T の振動が速度 v で伝わる波を考えると，その波の時刻 t，位置 x での値は，波が x に伝わるまで $\frac{x}{v}$ 時間がかかることを考慮に入れると

$$A\sin\Big(2\pi\frac{1}{T}(t-\frac{x}{v})\Big)$$

で与えられます．ここで $vT = \lambda$ および $\nu = \frac{1}{T}$ を代入すると

$$A\sin\Big(2\pi(\nu t-\frac{x}{\lambda})\Big)$$

となることがわかります．

$\hbar = \frac{h}{2\pi}$（エッチバーと読みます）とおいて，ド・ブロイの式を代入すると，この振動は

$$2\pi(\nu t - \frac{x}{\lambda}) = \frac{Et}{\hbar} - \frac{px}{\hbar}$$

となります．複素関数に拡張すれば，$\sin\theta$ や $\cos\theta$ は $e^{i\theta}$ で表せることから，振動を表す式は

$$\psi(x,t) = Ae^{i(Et/\hbar - px/\hbar)}$$

と表す方が自然であることがわかります．さて，t で上の式を微分すれば

$$\frac{\partial}{\partial t}\psi(x,t) = Ai\frac{E}{\hbar}e^{i(Et/\hbar - px/\hbar)} = i\frac{E}{\hbar}\psi(x,t)$$

を得ます．同様に，x で微分すると

$$\frac{\partial}{\partial x}\psi(x,t) = -Ai\frac{p}{\hbar}e^{i(Et/\hbar - px/\hbar)} = -i\frac{p}{\hbar}\psi(x,t)$$

となり，さらに微分をすると

$$\frac{\partial^2}{\partial x^2}\psi(x,t) = -A\left(\frac{p}{\hbar}\right)^2 e^{i(Et/\hbar - px/\hbar)} = -\frac{p^2}{\hbar^2}\psi(x,t)$$

となります．これより

$$E\psi(x,t) = i\hbar\frac{\partial}{\partial t}\psi(x,t) \tag{7.18}$$

$$p^2\psi(x,t) = -\hbar^2\frac{\partial^2}{\partial x^2}\psi(x,t) \tag{7.19}$$

を得ます．全体のエネルギーは運動エネルギー $\frac{p^2}{2m}$ と位置エネルギー（$V(x)$ で表しましょう）の和に等しいことから

$$i\hbar\frac{\partial}{\partial t}\psi(x,t) = -\frac{\hbar^2}{2m}\frac{\partial^2}{\partial x^2}\psi(x,t) + V(x)\psi(x,t) \tag{7.20}$$

を得ます．これが有名な**シュレディンガー方程式**です．もとは波の式から導きましたが，これをみたす波の世界を私たちの世界であると考えるわけです．さらに式 (7.18) と式 (7.19) を見直すと，作用素 $i\hbar\frac{\partial}{\partial t}$ と $-\hbar^2\frac{\partial^2}{\partial x^2}$ について，E および p^2 はこれらの作用素の固有値になっていると解釈ができます．つまり，

式 (7.20) を見ると，これらの作用素はエネルギーおよび運動量を観測する作用素とみなせます．

一般に，観測をするということは作用素 A を関数に作用させ，その固有値が観測されると考えるのです．現在の値が固有関数である場合はこれでよいのですが，固有値でない場合，例えば

$$\psi(x,t) = \alpha\psi_1(x,t) + \beta\psi_2(x,t) \tag{7.21}$$

かつ

$$A\psi_1(x,t) = \lambda_1\psi_1(x,t), \quad A\psi_2(x,t) = \lambda_2\psi_2(x,t)$$

の場合には，古典力学的に考えると ψ_1 と ψ_2 の比率に比例して λ_1 と λ_2 の間の値が観測されると考えます．一方，量子力学では λ_1 または λ_2 が $|\alpha|^2$ と $|\beta|^2$ の比率に比例した確率で起きると考えるのです．アインシュタインは物理の法則に確率が現れることに納得ができず，マックス・ボルン（Max Born, 1882–1970, 歌手のオリビア・ニュートン・ジョンは孫である）宛の手紙に「神様はサイコロをふらないと確信している」と書いたというのは有名な話です．

作用素の間には交換法則 $AB = BA$ が一般的には成り立ちません．ということは物理量 A と B を同時には観測できないのでどちらかを先に行うわけです．交換律が成立しないと，両方の値が確定するということはありません．このことを詳細に議論したのが**不確定性原理**です．

ここで，考える関数の集合は，関数の定義域を Ω としたとき，関数の2乗が積分可能な関数全体 $L^2(\Omega)$ です．詳細はルベーグ積分を学ばなければいけませんが，フーリエ変換のところ（2.5.1 項）で与えた三角関数たちや 4.5 節で与えた関数族たちがこの空間の基底になっているのです．この空間には内積

$$(f,g) = \int f(x)\overline{g(x)}\,dx$$

が与えられていて，長さは $||f|| = \sqrt{(f,f)}$ で定まります．私たちが観測できるのは実数だけですから，固有値は実数でなくてはなりません．そのためには観測を与える作用素 A は対称作用素 $A = A^*$ でなければいけません．そうなれば

$$(A\varphi,\psi) = (\varphi, A^*\psi) = (\varphi, A\psi)$$

ですから，ディラック (Paul Adrien Maurice Dirac, 1902–1984) は $\langle\varphi|A|\psi\rangle = (A\varphi, \psi)$ という便利な記号を考えました．また，対称作用素の固有ベクトルは直交することを用いると，$(\psi, \psi) = 1$ と規格化されていて，式 (7.21) の場合には $(\psi_1, \psi_1) = 1$, $(\psi_2, \psi_2) = 1$ とこちらも規格化されていれば，

$$(\psi, \psi) = \langle\alpha\psi_1 + \beta\psi_2, \alpha\psi_1 + \beta\psi_2\rangle = |\alpha|^2 + |\beta|^2$$

に注意すると

$$\begin{aligned}\langle\psi|A|\psi\rangle &= \langle\alpha\psi_1 + \beta\psi_2|A|\alpha\psi_1 + \beta\psi_2\rangle \\ &= |\alpha|^2\langle\psi_1|A|\psi_1\rangle + |\beta|^2\langle\psi_2|A|\psi_2\rangle \\ &= |\alpha|^2\lambda_1 + |\beta|^2\lambda_2\end{aligned}$$

となり，$\langle\psi|A|\psi\rangle$ は λ_1 が観測される確率が $|\alpha|^2$，λ_2 が観測される確率が $|\beta|^2$ である場合の観測値の期待値であると解釈できます．

7.4　ナビエ・ストークス方程式

$\boldsymbol{v} = \boldsymbol{v}(\boldsymbol{x}, t) = \begin{pmatrix} u(\boldsymbol{x}, t) \\ v(\boldsymbol{x}, t) \\ w(\boldsymbol{x}, t) \end{pmatrix}$ を時刻 t，位置 $\boldsymbol{x}$ の流体の速度とするとき，$\boldsymbol{v}$ のみたす方程式をナビエ・ストークス方程式と言います．ここではもっとも簡単な形で求めてみましょう．そのために，流体は圧縮したり膨張したりしないもの，すなわち，体積は変わらないものとします．このとき，$\frac{d\boldsymbol{v}}{dt}$ は加速度ですから，$F = ma$ により単位体積あたりの力に等しくなります．

$$\frac{d\boldsymbol{v}}{dt} = \frac{\partial \boldsymbol{v}}{\partial t} + \frac{\partial \boldsymbol{v}}{\partial x}\frac{dx}{dt} + \frac{\partial \boldsymbol{v}}{\partial y}\frac{dy}{dt} + \frac{\partial \boldsymbol{v}}{\partial z}\frac{dz}{dt}$$

をみたし，$\boldsymbol{v}$ は流れの速度ですから

$$\boldsymbol{v} = \begin{pmatrix} dx/dt \\ dy/dt \\ dz/dt \end{pmatrix} = \begin{pmatrix} u(\boldsymbol{x}, t) \\ v(\boldsymbol{x}, t) \\ w(\boldsymbol{x}, t) \end{pmatrix}$$

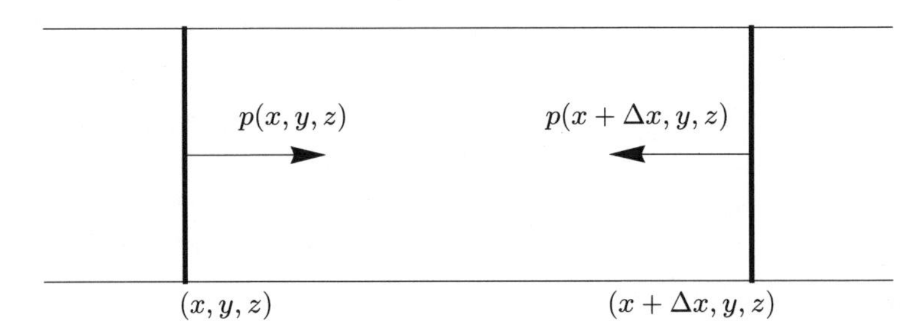

図 7.4　圧力

と表すと

$$\begin{aligned}\frac{d\boldsymbol{v}}{dt} &= \frac{\partial \boldsymbol{v}}{\partial t} + \frac{\partial \boldsymbol{v}}{\partial x}u(\boldsymbol{x}, t) + \frac{\partial \boldsymbol{v}}{\partial y}v(\boldsymbol{x}, t) + \frac{\partial \boldsymbol{v}}{\partial z}w(\boldsymbol{x}, t) \\ &= \frac{\partial \boldsymbol{v}}{\partial t} + \begin{pmatrix} \frac{\partial u}{\partial x} & \frac{\partial u}{\partial y} & \frac{\partial u}{\partial z} \\ \frac{\partial v}{\partial x} & \frac{\partial v}{\partial y} & \frac{\partial v}{\partial z} \\ \frac{\partial w}{\partial x} & \frac{\partial w}{\partial y} & \frac{\partial w}{\partial z} \end{pmatrix} \begin{pmatrix} u \\ v \\ w \end{pmatrix}\end{aligned}$$

この第2項の表し方として形式的な内積

$$(\boldsymbol{v}, \mathrm{grad}) = \left(\begin{pmatrix} u \\ v \\ w \end{pmatrix}, \begin{pmatrix} \frac{\partial}{\partial x} \\ \frac{\partial}{\partial y} \\ \frac{\partial}{\partial z} \end{pmatrix} \right) = u\frac{\partial}{\partial x} + v\frac{\partial}{\partial y} + w\frac{\partial}{\partial z}$$

を用いると

$$\frac{d\boldsymbol{v}}{dt} = \frac{\partial \boldsymbol{v}}{\partial t} + (\boldsymbol{v}, \nabla)\boldsymbol{v}$$

と表されることがわかります．

それでは単位体積あたりの力を求めましょう．圧力 p は各点を押しつぶすように働いているはずです．さもないと穴ができてしまうでしょう．そして，各点が釣り合っていますから，上下左右いずれの方向からも同じ圧力 p が働いています．位置 (x, y, z) から $(x + \Delta x, y, z)$ の間に仮想的な棒を考えます（図 7.4）．x に働く力は棒を右へ動かす方向に $p(x, y, z)$，$x + \Delta x$ に働く力は棒を左方向へ動かす方向に $p(x + \Delta x, y, z)$ だけかかります．差し引き，この棒には

$$-p(x+\Delta x, y, z) + p(x, y, z) = -\Delta x \frac{\partial p}{\partial x}$$

の力が x 方向に働きますので，流体の密度を ρ とおくと，単位体積あたりの圧力がおよぼす力は

$$-\frac{1}{\rho}\,\mathrm{grad}\,p = -\frac{1}{\rho}\begin{pmatrix}\partial p/\partial x\\ \partial p/\partial y\\ \partial p/\partial z\end{pmatrix}$$

になります．これに，単位体積あたりの重力 $-g\begin{pmatrix}0\\0\\1\end{pmatrix}$ を加えればよいわけです．精密に言えば，コリオリの力などが働いていると考えて，この項を単位体積あたりに働く外力として $\boldsymbol{F}$ と表しましょう．こうすると

$$\frac{\partial \boldsymbol{v}}{\partial t} + (\boldsymbol{v}, \nabla)\boldsymbol{v} = -\frac{1}{\rho}\,\mathrm{grad}\,p + \boldsymbol{F} \tag{7.22}$$

を得ます．これは粘性のない完全流体の方程式になります．

続いて，粘性 ν のおよぼす力を考えましょう．流体の密度は一定とします．点 (x, y, z) を 1 つの頂点し，x, y, z 方向それぞれの長さが $\Delta x, \Delta y, \Delta z$ の直方体を考えます．このとき，(x, y, z) と $(x+\Delta x,\ y,\ z)$,$(x+\Delta x,\ y+\Delta y,\ z)$, $(x,\ y+\Delta y,\ z)$ を通して時間 Δt の間に直方体に流れ込む流体の質量は，流体の速度が $u(x, y, z)$ であることを考慮に入れれば

$$\rho\, u(x, y, z)\Delta t\Delta x\Delta y$$

にほぼ等しいでしょう．z 軸方向にこれと対となる面 $(x,\ y,\ z+\Delta z)$ と $(x+\Delta x,\ y,\ z+\Delta z)$,$(x+\Delta x,\ y+\Delta y,\ z+\Delta z)$, $(x,\ y+\Delta y,\ z+\Delta z)$ を通して時間 Δt の間に直方体から流れ出る流体の質量は

$$\rho\, u(x, y, z+\Delta z)\Delta t\Delta x\Delta y$$

にほぼ等しいでしょう．差し引き,

$$\rho\left\{u(x, y, z+\Delta z) - u(x, y, z)\right\}\Delta t\Delta x\Delta y \approx \rho\frac{\partial u}{\partial z}\Delta t\Delta x\Delta y\Delta z$$

だけこの長方形から流れ出ることになります．対面の対をすべて考えれば，合計

$$\rho\left\{\frac{\partial u}{\partial x}+\frac{\partial v}{\partial y}+\frac{\partial w}{\partial z}\right\}\Delta t\Delta x\Delta y\Delta z$$

が流れ出る総量になります．一方，時間 Δt に入ってくる質量は密度が一定ですから $\frac{\partial\rho}{\partial t}=0$ に等しくなります．したがって

$$\operatorname{div}\boldsymbol{v}=\frac{\partial u}{\partial x}+\frac{\partial v}{\partial y}+\frac{\partial w}{\partial z}=0 \tag{7.23}$$

が成り立ちます．この式は電流に関する式 (7.13) のように流体物質の保存則を表現しているので，これを**連続の式**と言います．

y 方向の流れの x 軸を法線とする微小平面への力を $\tau_{y,x}$ で表します．これを**応力テンソル**と言います．応力はそれぞれの座標を考えると行列

$$\tau=\begin{pmatrix}\tau_{x,x} & \tau_{y,x} & \tau_{z,x}\\ \tau_{x,y} & \tau_{y,y} & \tau_{z,y}\\ \tau_{x,z} & \tau_{y,z} & \tau_{z,z}\end{pmatrix}$$

で表すことができます．ニュートン流体ではこの応力は

$$\tau_{x,x}=\nu\left(\frac{\partial u}{\partial x}+\frac{\partial u}{\partial x}\right)$$
$$\tau_{x,y}=\nu\left(\frac{\partial u}{\partial y}+\frac{\partial v}{\partial x}\right)$$
$$\tau_{x,z}=\nu\left(\frac{\partial u}{\partial z}+\frac{\partial w}{\partial x}\right)$$

などと表されることが知られています．(x,y,z) を 1 つの頂点として，x,y,z 方向へそれぞれ $\Delta x,\Delta y,\Delta z$ の長さをもつ立方体を考え，その x 方向への応力を考えましょう．x への応力と $x+\Delta x$ 方向への応力の差を考えれば，それは

$$\frac{\partial\tau_{x,x}}{\partial x}+\frac{\partial\tau_{y,x}}{\partial y}+\frac{\partial\tau_{z,x}}{\partial z}=\nu\left(2\frac{\partial^2 u}{\partial x^2}+\frac{\partial^2 u}{\partial y^2}+\frac{\partial^2 v}{\partial x\partial y}+\frac{\partial^2 u}{\partial z^2}+\frac{\partial^2 w}{\partial x\partial z}\right)$$
$$=\nu\left(\frac{\partial^2 u}{\partial x^2}+\frac{\partial^2 u}{\partial y^2}+\frac{\partial^2 u}{\partial z^2}+\frac{\partial}{\partial x}\left(\frac{\partial u}{\partial x}+\frac{\partial v}{\partial y}+\frac{\partial w}{\partial z}\right)\right)$$

$$= \nu(\Delta u + \frac{\partial}{\partial x}\operatorname{div}\boldsymbol{v}).$$

これと連続の式 (7.23) により，x 方向の応力は $\nu\Delta u$ になるので，全体の応力は $\nu\Delta\boldsymbol{v}$ と表せます．

これらをあわせて，流体のみたすナビエ・ストークスの方程式は完全流体の方程式 (7.22) に粘性の応力を加えて

$$\frac{\partial \boldsymbol{v}}{\partial t} + (\boldsymbol{v}, \nabla)\boldsymbol{v} = -\frac{1}{\rho}\operatorname{grad} p + \nu\Delta\boldsymbol{v} + \boldsymbol{F}$$

となります．この3次元の方程式は解が存在することすらまだ証明されていませんが，熱力学の状態方程式と連立させて，スーパーコンピュータを用いて気象予報などに使われています．

7.4.1 KdV 方程式

ナビエ・ストークスの方程式と同様に水の運動の方程式を考えましょう．それは，コルトヴェーグ (D. Korteweg) とド・フリース (G. deVries) が研究した

$$\frac{\partial u}{\partial t} + 6u\frac{\partial u}{\partial x} + \frac{\partial^3 u}{\partial x^3} = 0$$

を彼らの名前をとって，KdV 方程式と言います．これはラッセル (John Scott Russel) が 1834 年に運河のそばを通ったときに，波がまるで玉の運動のようにまっすぐ進むのを見て

> 私は2頭の馬に引かれたボートが，狭い運河を進む動きを観察していた．ボートはにわかに止まったが，動いていた運河の水はそうならなかった．水が船の舳先の周りに急激に集まり，突然そこを離れ，すごい速さでうねり進んでいった．孤立した水の盛り上がりは，丸みをおび，滑らかな，はっきりとした水の集まりであり，それが見たところ形や速度を変えることなく，運河に沿って進んでいった．私は馬の背に乗って追いかけたが，波は時速 8~9 マイルで進み続け，元の約 30 フィートの幅と約 1~1.5 フィートの高さを保っていた．その高さは徐々に減少していき，私は 1~2 マイルの追いかけた後，運河の曲がり角で見失った．1834 年の 8 月，そのような特異であるが美しい現象に，私が偶然出会った最初の機会であった．
>
> (エドウィン・アトリー・ジャクソン，非線形力学の展望，共立出版)

と記述しました．これがソリトンと呼ばれる不思議な波の研究の始まりでし

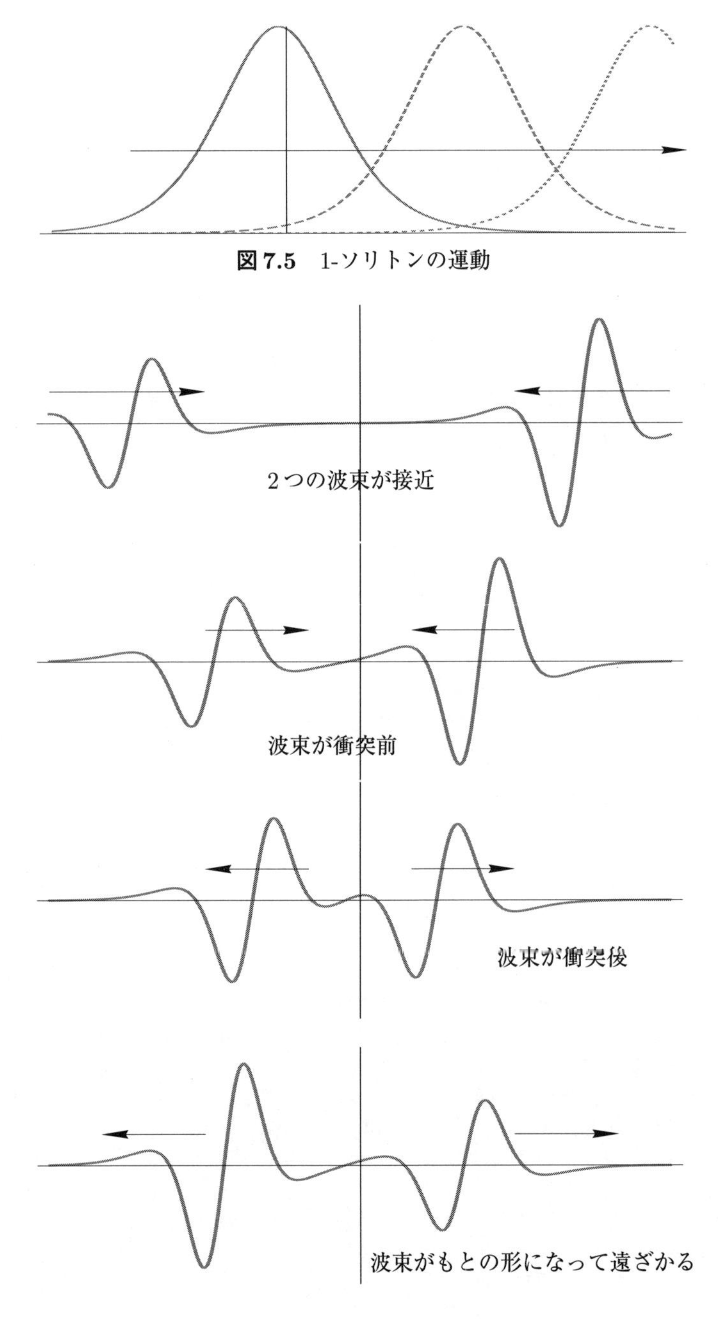

図 7.5　1-ソリトンの運動

図 7.6　2-ソリトンの運動

た．ソリトンは1つであれば図7.5のようにまっすぐ進行するのですが，2つあれば，図7.6のように，まるで質点のごとく，それぞれがぶつかって，そのままするり抜けていくような現象を示します．現在でも可積分系の研究の一環として深く研究が進められています．

7.4.2　ローレンツアトラクター

ナビエ・ストークス方程式を思い切って簡素化し（どう簡素化したらこうなるのかは私にはわからないのですが），気象学者のローレンツ (Edward Norton Lorenz, 1917–2008)[2)]は次のような方程式を得ました．

$$
\begin{aligned}
\frac{dx}{dt} &= -px + py \\
\frac{dy}{dt} &= -xz + rx - y \\
\frac{dz}{dt} &= xy - bz
\end{aligned}
$$

この方程式は初期値を与えればその後の値が定まる，言い換えれば決定論的な運動をするはずです．ところが，ローレンツが研究した $p = 10, r = 28, b = \frac{8}{3}$ の場合には想像もつかない複雑な運動をすることがわかりました．同様な現象

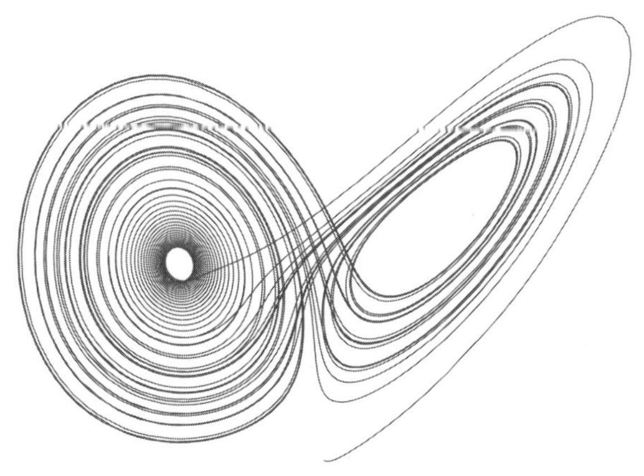

図7.7　ローレンツ方程式の解の振る舞い．蝶に見えますか？

[2)] 相対論のローレンツ変換で有名なHendrik Antoon Lorentz (1853–1928) とはつづりも違いますし，別人です．

はローレンツより前に，上田晥亮 (Yoshisuke Ueda, 1936–) が電気回路の強制振動のあるダッフィング方程式

$$\frac{d^2x}{dt^2} + \alpha\frac{dx}{dt} + \beta x^3 + \gamma x = \delta\cos\omega t$$

をアナログコンピュータを用いて研究していて発見していたのですが，国内では評価されず，カオスの先駆者の地位をローレンツに譲ってしまったといういきさつがあります．このあたりの話はラルフ・エイブラハム，ヨシスケ・ウエダ編著『カオスはこうして発見された』(共立出版) に詳しく述べられています．

実際にこの方程式の解を見ると，2つの不動点があって，その1つに引き込まれるかのように回転しながら運動していくのですが，突然移動して，他方の不動点に引き込まれる運動へと変化してしまいます．この予想もつかない運動が繰り返されるのです．まるで2つの輪の間を不規則にジャンプをするような不思議な挙動をするわけです．この現象をローレンツは「ブラジルの蝶の羽ばたきはテキサスで竜巻を起こす」というような表現をしています．この言葉は場所をとり換えながら，あちこちで使われていて，映画の『ジュラシックパーク』でもスケベなカオス学者が女性を口説きながら使っていました．図7.7を見ればわかるように2枚の羽のように見えるのでローレンツは蝶々と言ったのでしょう．こうした現象を**バタフライ現象**とも呼んでいます．このようにまったくランダム性をもたない式が，時間発展とともに信じられないような複雑な振る舞いをするのを**カオス**と呼びます．ポアンカレ (Jules-Henri Poincaré, 1854–1912) は天体力学の n 体問題を研究している中で，このような現象を発見しています．彼は次のように述べています．

> その複雑さは驚くべきもので，私自身もこの図形を引いて見せようとは思わない．三体問題の複雑さに，もっと一般には，一価の積分を持たず，ボーリン (Bohlin) の級数が収束しないような，すべての力学の問題の複雑さに，なにかの概念を与えてくれるもの，またはそれに適したものは，これ以上なにもない．　　(ポアンカレ常微分方程式，共立出版)

こうした現象は，初期値のわずかな誤差が，その後に大きな差を生んでしまうことから，コンピュータを用いたシミュレーションが大変困難になります．

7.5　ボルツマン方程式

気体分子の運動を考えましょう．原理的には通常のニュートンの運動方程式をそれぞれの分子について考えればよいわけです．それぞれの分子は位置として3次元，速度として3次元の合計6次元をもっていますから，分子の数をNとすれば$6N$次元の相空間の中で，分子の互いに引き合う力を考慮に入れて運動方程式$F = ma$を考えればよいわけです．しかし，分子の数は1モルでアボガドロ数6.02×10^{23}個というとんでもない数になりますし，さらに分子の衝突という境界条件を付け加えなくてはならず，とても解くことなどできません．そこで，ボルツマン (Ludwig Edward Boltzmann, 1844–1906) は運動方程式ではなく，各点における分子の密度に注目し，その変化を記述する微分方程式を作りました．この方程式により，熱力学の重要な課題であった，ラフに言えばエネルギーは熱に変わっていくという法則である熱力学第2法則に対応するエントロピーの増大則を証明しました．しかし，ニュートンの力学では，時間を逆方向に動かしても，つまり，過去と未来を反転させても，その法則は変わりません．このことと可逆性をもたないボルツマン方程式は矛盾しています．さらに当時は分子の存在にも懐疑的であったことにも起因して，分子の存在を前提としているボルツマンは多くの批判を受け，疲れ果てて自殺をしてしまいました．彼の墓にはエントロピーの定義式である$S = k \log W$が刻まれているそうです．皮肉なことに彼が死ぬわずか1年前の1905年にアインシュタインが，ブラウン運動は花粉の微粒子に衝突する水の分子の熱運動によるものであることを見いだし，分子が存在することが確定したのです．

時刻tにおいて位置$\boldsymbol{x}$，速度$\boldsymbol{v}$で，力$\boldsymbol{F}$のもとで運動している分子の密度を$f(\boldsymbol{x}, \boldsymbol{v}, t)$で表しましょう．このとき，$f$のみたす微分方程式

$$
\begin{aligned}
&\frac{\partial f}{\partial t} + \left(\boldsymbol{v}, \frac{\partial f}{\partial \boldsymbol{x}}\right) + \left(\frac{\boldsymbol{F}}{m}, \frac{\partial f}{\partial \boldsymbol{v}}\right) \\
&\qquad = \int \Big(f(\boldsymbol{x}, \boldsymbol{v}', t) f(\boldsymbol{x}, \boldsymbol{v}_1', t) - f(\boldsymbol{x}, \boldsymbol{v}, t) f(\boldsymbol{x}, \boldsymbol{v}_1, t)\Big) g \, d\Omega d\boldsymbol{v}_1
\end{aligned}
$$

がボルツマン方程式です．ここで，$\boldsymbol{v}$と$\boldsymbol{v}_1$の速度の分子がぶつかった後の速度が$\boldsymbol{v}'$と$\boldsymbol{v}_1'$です．衝突は可逆ですから，$\boldsymbol{v}'$と$\boldsymbol{v}_1'$の速度の分子がぶつかった後の速度が$\boldsymbol{v}$と$\boldsymbol{v}_1$であると表現することもできます．

それぞれの項を説明していきましょう．左辺はfの時間tによる微分です．

すなわち

$$\frac{df}{dt} = \frac{\partial f}{\partial t} + \left(\boldsymbol{v}, \frac{\partial f}{\partial \boldsymbol{x}}\right) + \left(\frac{\boldsymbol{F}}{m}, \frac{\partial f}{\partial \boldsymbol{v}}\right)$$

というわけです．実際，$\boldsymbol{v} = \begin{pmatrix} v_x \\ v_y \\ v_z \end{pmatrix}$ と表すと合成関数の微分により

$$\begin{aligned}\frac{df}{dt} = \frac{\partial f}{\partial t} &+ \left(\frac{\partial f}{\partial x}\frac{dx}{dt} + \frac{\partial f}{\partial y}\frac{dy}{dt} + \frac{\partial f}{\partial z}\frac{dz}{dt}\right) \\ &+ \left(\frac{\partial f}{\partial v_x}\frac{dv_x}{dt} + \frac{\partial f}{\partial v_y}\frac{dv_y}{dt} + \frac{\partial f}{\partial v_z}\frac{dv_z}{dt}\right)\end{aligned}$$

です．右辺1項目はボルツマン方程式の左辺の第1項そのままです．右辺第2項は

$$\frac{\partial f}{\partial x}\frac{dx}{dt} + \frac{\partial f}{\partial y}\frac{dy}{dt} + \frac{\partial f}{\partial z}\frac{dz}{dt} = \frac{\partial f}{\partial x}v_x + \frac{\partial f}{\partial y}v_y + \frac{\partial f}{\partial z}v_z = \left(\boldsymbol{v}, \frac{\partial f}{\partial \boldsymbol{x}}\right)$$

と表せます．これがボルツマン方程式左辺第2項です．ここで

$$\frac{\partial f}{\partial \boldsymbol{x}} = \begin{pmatrix} \frac{\partial f}{\partial x} \\ \frac{\partial f}{\partial y} \\ \frac{\partial f}{\partial z} \end{pmatrix}$$

のことで，ナビエ・ストークスの微分方程式で用いた記号で表すと，$\frac{\partial f}{\partial \boldsymbol{x}}$ は $\operatorname{grad} f$ と表したいところですが，f は $\boldsymbol{x}$ だけでなく，$\boldsymbol{v}$ にも依存しますので，誤解を招かないように上の表現を用いることにします．

右辺第3項は

$$\frac{\partial f}{\partial v_x}\frac{dv_x}{dt} + \frac{\partial f}{\partial v_y}\frac{dv_y}{dt} + \frac{\partial f}{\partial v_z}\frac{dv_z}{dt} = \frac{\partial f}{\partial v_x}a_x + \frac{\partial f}{\partial v_y}a_y + \frac{\partial f}{\partial v_z}a_z.$$

ここで $\boldsymbol{a} = \begin{pmatrix} a_x \\ a_y \\ a_z \end{pmatrix}$ は加速度を表します．ニュートンの運動方程式は $F = ma$

ですから，位相空間の点 $(\boldsymbol{x}, \boldsymbol{v})$ に働く力を $\boldsymbol{F} = \begin{pmatrix} F_x \\ F_y \\ F_z \end{pmatrix}$ と表せば，分子の質量を m とすると

$$F_x = ma_x, \quad F_y = ma_y, \quad F_z = ma_z$$

です．第 2 項と同じ記号を用いると，

$$\frac{\partial f}{\partial v_x}\frac{dv_x}{dt} + \frac{\partial f}{\partial v_y}\frac{dv_y}{dt} + \frac{\partial f}{\partial v_z}\frac{dv_z}{dt} = \left(\frac{\boldsymbol{F}}{m}, \frac{\partial f}{\partial \boldsymbol{v}}\right)$$

を得ます．これでボルツマン方程式の左辺は分子の密度関数 f の時間による微分 $\frac{df}{dt}$ に等しいことが証明されたわけです．

これに対して，右辺は f の分子間の衝突による項を表しています．まず記号から説明しましょう．g は速度 $\boldsymbol{v}$ と $\boldsymbol{v}_1$ の差の速度ベクトルの長さです．$d\Omega$ は単位球の表面での積分で，$\boldsymbol{v}$ から見た $\boldsymbol{v}_1$ の方向に対応します．右辺の被積分関数の第 1 項は衝突により速度 $\boldsymbol{v}'$ と $\boldsymbol{v}_1'$ により速度 $\boldsymbol{v}$ と $\boldsymbol{v}_1$ が生まれることに対応する項，第 2 項は衝突により速度 $\boldsymbol{v}$ と $\boldsymbol{v}_1$ が速度 $\boldsymbol{v}'$ と $\boldsymbol{v}_1'$ になり，速度 $\boldsymbol{v}$ が消滅することに対応する項を表します．それらを衝突する $\boldsymbol{v}_1$ について積分することで，f の衝突による変化を表しているわけです．3 次元の空間で $\boldsymbol{v}$ と $\boldsymbol{v}_1$ が決まったとき，エネルギーの保存則

$$\frac{1}{2}m|\boldsymbol{v}|^2 + \frac{1}{2}m|\boldsymbol{v}_1|^2 = \frac{1}{2}m|\boldsymbol{v}'|^2 + \frac{1}{2}m|\boldsymbol{v}_1'|^2$$

とモーメントの保存則

$$m\boldsymbol{v} + m\boldsymbol{v}_1 = m\boldsymbol{v}' + m\boldsymbol{v}_1'$$

により，合計 4 つの 1 次式が得られますが，$\boldsymbol{v}'$ と $\boldsymbol{v}_1'$ の未知数は 6 つありますから，2 つ定まりません．それを定めるには単位球の衝突する方向で，それを与えるのが $d\Omega$ です．これで $\boldsymbol{v}'$ と $\boldsymbol{v}_1'$ が定まります．具体的に Ω は，衝突する 2 つの分子は確率的に独立，すなわち，分子の位置と速度の間には相関がないという衝突数の算定についての仮定に基づいて計算されています．図 7.8 では，見やすいように衝突する場所を $\boldsymbol{x}$ 中心の球面上にとりましたが，ボルツマン方

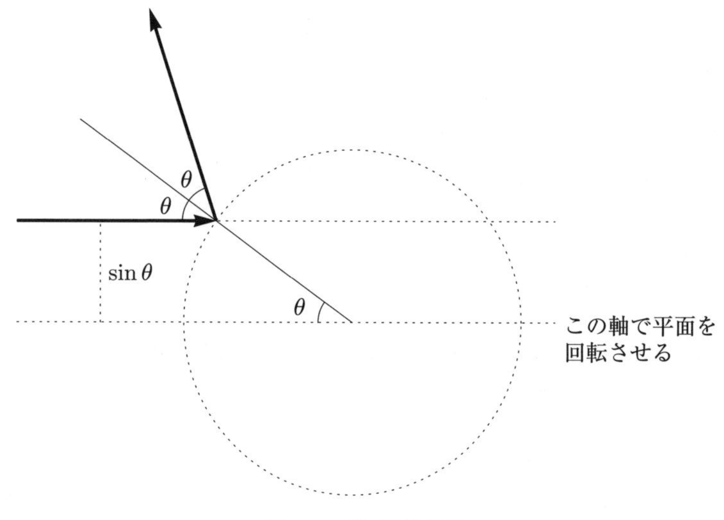

図 7.8　散乱断面積

程式では半径は0と考えて衝突する方向のみを与えています．上の平面を軸で回転させると，全体で

$$\int_0^{\pi} \sin\theta\, d\theta \int_0^{2\pi} d\varphi = [-\cos\theta]_0^{\pi} \times 2\pi = 4\pi$$

ですから

$$d\Omega = \frac{1}{4\pi} \sin\theta\, d\theta d\varphi$$

を得ます．

この方程式もナビエ・ストークス同様，未だに解の存在すらわかっていませんが，プラズマの研究などで盛んに研究が行われているようです．

7.6　補足：線積分，面積分

7.6.1　線積分

C を C^1 級の平面上の曲線としましょう．線積分を考える前に曲線の長さを考えてみましょう．平面上の曲線 C が $(x(t), y(t))$ $(t \in [a, b])$ と滑らかなパラメータ表示されているとき，この曲線の長さは

$$\int_a^b \sqrt{x'(t)^2 + y'(t)^2}\, dt$$

で与えられます．実際，$(x(t), y(t))$ と $(x(t+h), y(t+h))$ の間の距離は

$$\begin{aligned}&\sqrt{(x(t+h) - x(t))^2 + (y(t+h) - y(t))^2} \\ &\quad = \sqrt{x'(t+\theta_1 h)^2 + y'(t+\theta_2 h)^2}h \quad (0 \le \theta_1, \theta_2 \le 1)\end{aligned}$$

であることから自然な定義です．

とくに $t = x, y = f(x)$ と選ぶと $(a, f(a))$ と $(b, f(b))$ を結ぶ長さは

$$y'(t) = \frac{dy}{dt} = f'(x)$$

ですので，

$$\int_a^b \sqrt{1 + f'(x)^2}\, dx$$

とも表せます．

C を含む開集合 U の上で定義された連続な 1 次形式 $\omega = f(x, y)dx + g(x, y)dy$ を考えましょう．この 1 次形式についての線積分を，曲線 C の接ベクトルとの内積を用いて

$$\begin{aligned}\int_C \omega &= \int_0^1 \left(\begin{pmatrix} f(x, y) \\ g(x, y) \end{pmatrix}, \begin{pmatrix} x'(t) \\ y'(t) \end{pmatrix} \right) dt \\ &= \int_0^1 (f(x, y)\, x'(t) + g(x, y)\, y'(t))\, dt\end{aligned}$$

によって定義します．これを

$$\int_C \omega = \int_C f(x, y)\, dx + g(x, y)\, dy$$

とも表します．電磁気学では曲線 C の上の微小部分をベクトル $d\boldsymbol{l} = \begin{pmatrix} dx \\ dy \end{pmatrix}$，ベクトル場を

$$\boldsymbol{F} = \begin{pmatrix} f(x,y) \\ g(x,y) \end{pmatrix}$$

と表し，電磁気学の慣習に従って，内積を $\cdot$ で表すと

$$\int_C \omega = \int_C \boldsymbol{F} \cdot d\boldsymbol{l}$$

とも書けます．

1次微分形式 ω に対して，ある近傍 U で関数 φ（スカラー場）が存在して，

$$\omega = \frac{\partial \varphi}{\partial x}\,dx + \frac{\partial \varphi}{\partial y}\,dy$$

をみたすとき，φ を $\boldsymbol{F}$ の**ポテンシャル関数**と呼びます．また，

$$\boldsymbol{F} = \mathrm{grad}\ \varphi$$

となります．

定理 7.1　次の3つの条件は同値である．

(1) ω はポテンシャル φ をもつ．
(2) U の2点 P と Q を結ぶ曲線 C の線積分 $\int_C \omega$ は P と Q のみによる．
(3) U に含まれる閉曲線 C の線積分 $\oint_C \omega = 0$ をみたす．

証明.　ポテンシャル関数 φ をもてば

$$\begin{aligned}\int_C \omega &= \int_0^1 \left(\frac{\partial \varphi}{\partial x}\frac{dx}{dt} + \frac{\partial \varphi}{\partial y}\frac{dy}{dt}\right) dt \\ &= \int_0^1 \frac{d\varphi(x(t), y(t))}{dt}\,dt \\ &= \varphi(x(1), y(1)) - \varphi(x(0), y(0))\end{aligned}$$

が成り立ちます．また，性質 (2) が成り立つならば，U 内の1点 P を固定して，P から Q への曲線を C ととることで $\varphi(Q) = \int_C \omega$ と定めればよいのです．実際，$P = (x_0, y_0)$，C を P と $P + \begin{pmatrix} h \\ 0 \end{pmatrix}$ を結ぶ直線とすれば

$$\varphi\left(X+\begin{pmatrix}h\\0\end{pmatrix}\right)-\varphi(X)=\int_C \omega=\int_0^h \begin{pmatrix}f(x_0+x,y_0)\\g(x_0+x,y_0)\end{pmatrix}\cdot\begin{pmatrix}1\\0\end{pmatrix}dx$$
$$=\int_0^h f(x_0+x,y_0)\,dx$$

により

$$\frac{\partial\varphi}{\partial x}=f(x,y)$$

が出ます．□

複素積分　フレネル積分で用いた複素積分にもちょっと触れておきましょう．2 次元の平面を実軸と虚軸により 1 次元の複素平面と考えましょう．複素平面 $\mathbb{C}$ の上の曲線 C は例えばパラメータ t $(0\le t\le 1)$ を用いて $z(t)$ で表し，複素関数 $h(z)$ の線積分は変数変換を用いて

$$\int_C h(z)\,dz=\int_0^1 h(z(t))\,z'(t)\,dt$$

により定義されます．$z(t)$ を実部と虚部に分けて $z(t)=x(t)+iy(t)$，関数も実部と虚部に分けて，

$$h(z)=u(x,y)+iv(x,y)$$

と表すと

$$\begin{aligned}\int_C h(z)\,dz&=\int_0^1 h(z(t))z'(t)\,dt\\&=\int_0^1\Big\{u(x(t),y(t))+iv(x(t),y(t))\Big\}(x'(t)+y'(t))\,dt\\&=\int u(x,y)\,dx-v(x,y)\,dy+i\int v(x,y)\,dx+u(x,y)\,dy\end{aligned}\tag{7.24}$$

となり，$(u,-v)$ の線積分が実部，(v,u) の線積分が虚部になります．曲線 C が単純閉曲線のときには，C の内部を D と表すと後述のグリーンの定理 7.2 により

$$(7.24)\text{ の実部}=\int_D\left(-\frac{\partial v}{\partial x}-\frac{\partial u}{\partial y}\right)dxdy\tag{7.25}$$

$$(7.24)\text{ の虚部} = \int_D \left(\frac{\partial u}{\partial x} - \frac{\partial v}{\partial y} \right) dxdy \tag{7.26}$$

となりますが，h が正則ならば，コーシーリーマンの方程式

$$\frac{\partial u}{\partial x} = \frac{\partial v}{\partial y}$$
$$\frac{\partial u}{\partial y} = -\frac{\partial v}{\partial x}$$

に着目すれば，式 (7.25) も式 (7.26) もともに 0 に等しい，すなわち，$\int_C h(z)\,dz = 0$ であることがわかります．これはコーシーの積分定理ですね．

7.6.2　面積分

開領域 $U \subset \mathbb{R}^2$ から $\mathbb{R}^3$ への写像 $(x(u,v), y(u,v), z(u,v)) = \Phi(u,v)$ $((u,v) \in U)$ を曲面と言います．これを S で表しましょう．S は滑らかであると仮定します．

$$\frac{\partial \Phi}{\partial u} = \begin{pmatrix} \frac{\partial x}{\partial u} \\ \frac{\partial y}{\partial u} \\ \frac{\partial z}{\partial u} \end{pmatrix}, \qquad \frac{\partial \Phi}{\partial v} = \begin{pmatrix} \frac{\partial x}{\partial v} \\ \frac{\partial y}{\partial v} \\ \frac{\partial z}{\partial v} \end{pmatrix}$$

はそれぞれ，u 軸，v 軸に沿った曲面の接ベクトルになっています．したがって，その外積が 0 ベクトルにならなければ（通常点という）2 つのベクトルは独立になっています．それ以外は特異点と呼ばれます．

$\mathbb{R}^2$ 内の曲線 $C : (u(t), v(t))$ を考えると，

$$\left(\frac{dx}{dt}, \frac{dy}{dt}, \frac{dz}{dt} \right) - \lim_{h \to 0} \frac{\Phi(u(t+h), v(t+h)) - \Phi(u(t), v(t))}{h}$$
$$= \frac{\partial \Phi}{\partial u} u'(t) + \frac{\partial \Phi}{\partial v} v'(t)$$

は C に沿ったこの平面の接ベクトルになっています．

曲面 S の面積を

$$\int_U \| \frac{\partial \Phi}{\partial u} \times \frac{\partial \Phi}{\partial v} \| \, dudv$$

で定義します．この外積は u, v が少し動いたときの面積になっています．$u = x,\ v = y$ のときに考えるとわかりやすいでしょう．

$$dS = ||\frac{\partial \Phi}{\partial u} \times \frac{\partial \Phi}{\partial v}||\, dudv$$

とみなせることから，S の上の関数 $f(x, y, z)$ の積分を

$$\int_S f(x, y, z)\, dS = \int_U f(\Phi(u, v))||\frac{\partial \Phi}{\partial u} \times \frac{\partial \Phi}{\partial v}||\, dudv$$

で定義します．

曲面 S の上の 2 次交代微分形式 ω の面積分を，面の接線ベクトル 2 つについての 2 次形式の値の和と考えます．

面積を表す積分は $dxdy$ ですが，向きを考えて右手系のとき $dx \wedge dy$，左手系のとき $dy \wedge dx$ とすると，裏返しになるので，$dy \wedge dx = -dx \wedge dy$ とします．余分なことですが，重積分の変数変換でヤコビアンは変換の線形近似を表すヤコビ行列の行列式の絶対値をとっていますが，これは変換が裏返しになると面積は負になると考えれば絶対値は不要になるのです．

2 次微分形式 $\omega = f(x, y, z)\, dy \wedge dz + g(x, y, z)\, dz \wedge dx + h(x, y, z)\, dx \wedge dy$ の面積分

$$\int_S \omega = \int_U \begin{pmatrix} f(u, v) \\ g(u, v) \\ h(u, v) \end{pmatrix} \cdot \left(\frac{\partial \Phi}{\partial u} \times \frac{\partial \Phi}{\partial v}\right) dudv$$

を考えましょう．これは，曲面の単位法線ベクトル

$$\boldsymbol{N} = \frac{\frac{\partial \Phi}{\partial u} \times \frac{\partial \Phi}{\partial v}}{||\frac{\partial \Phi}{\partial u} \times \frac{\partial \Phi}{\partial v}||}$$

を考えると，

$$\int_S \omega = \int_S \omega \cdot \boldsymbol{N}\, dS$$

と表せます．また，

$$\int_S \omega = \int f(x, y, z)\, dy \wedge dz + g(x, y, z)\, dz \wedge dx + h(x, y, z)\, dx \wedge dy$$

とも表します．すなわち

$$\frac{dy\wedge dz}{du\wedge dv}=\frac{\partial\Phi}{\partial u}\times\frac{\partial\Phi}{\partial v}\text{の}\,x\,\text{成分}=\frac{\partial y}{\partial u}\frac{\partial z}{\partial v}-\frac{\partial y}{\partial v}\frac{\partial z}{\partial u}$$

などとなります．

7.6.3　グリーンの定理，ストークスの定理

定理 7.2 は一見難しそうですが，$\frac{d}{dx}F(x)=f(x)$ に注目すれば，定積分と原始関数の関係

$$\int_a^b f(x)\,dx=F(b)-F(a)$$

を表しているだけなのです．まず，2次元のグリーンの定理を述べておきましょう．

定理 7.2　$\omega=f(x,y)\,dx+g(x,y)\,dy$ がある開領域 U で C^1 級であり，滑らかな境界をもつ領域を $S\subset U$ として，S を左回りに1周する閉曲線を C とおく．このとき

$$\int_C\omega=\int_S\left(\frac{\partial g}{\partial x}-\frac{\partial f}{\partial y}\right)dxdy$$

が成り立つ．

証明.　まず $g(x,y)=0$ で S が2つの関数 $\varphi(x)\leq\psi(x)$ $(x\in[a,b])$ で囲まれる領域の場合のみを考えます．$g\equiv 0$ に注意すれば

$$\begin{aligned}\int_C\omega&=\int_a^b\begin{pmatrix}f(x,\varphi(x))\\g(x,\varphi(x))\end{pmatrix}\cdot\begin{pmatrix}1\\\varphi'(x)\end{pmatrix}dx+\int_b^a\begin{pmatrix}f(x,\psi(x))\\g(x,\psi(x))\end{pmatrix}\cdot\begin{pmatrix}1\\\psi'(x)\end{pmatrix}dx\\&=\int_a^b(f(x,\varphi(x))-f(x,\psi(x)))\,dx,\end{aligned}$$

一方，

$$\begin{aligned}\int_S\frac{\partial f}{\partial y}\,dxdy&=\int_a^b\left(\int_{\varphi(x)}^{\psi(x)}\frac{\partial f}{\partial y}\,dy\right)dx\\&=\int_a^b(f(x,\psi(x))-f(x,\varphi(x)))\,dx\end{aligned}$$

により，グリーンの定理が示されました．同様に，$f(x,y)=0$ で $\varphi(y) \leq \psi(y)$ $(y \in [c,d])$ に囲まれる S の場合には

$$\int_C \omega = \int_c^d g(\psi(y),y) - g(\varphi(y),y)\,dy$$

になり

$$\int_S \frac{\partial g}{\partial y}\,dxdy = \int_c^d \left(\int_{\varphi(y)}^{\psi(y)} \frac{\partial g}{\partial y}\,dx \right) dy$$
$$= \int_c^d (g(\psi(y),y) - g(\varphi(y),y))\,dy$$

が成り立ちます．一般の場合には，

$$\omega = (f(x,y)\,dx + 0\,dy) + (0\,dx + g(x,y)\,dy)$$

と分けて考えればよいのです．　□

例 7.1　滑らかな境界をもつ領域 S について

$$\int_C x\,dy - y\,dx$$

は D の面積の 2 倍に等しくなります．

この式は外側を 1 周すれば，中の面積がわかるという不思議な式です．この原理を用いて面積を測る道具がプラニメータという名前で市販されています．

証明をしましょう．グリーンの定理より，$f(x,y)=-y, g(x,y)=x$ により，

$$\int_C x\,dy - y\,dx = \int_S (1+1)\,dxdy,$$

これも $\omega = -y\,dx + x\,dy$ について，

$$d\omega = -dy \wedge dx + dx \wedge dy = 2\,dx \wedge dy$$

と形式的な表現も可能です．

グリーンの定理は領域 S について，その周囲を $C=\partial S$ として，$dx \wedge dx = -dy \wedge dy = 0$ かつ $dy \wedge dx = -dx \wedge dy$ とおいて

$$d(f\,dx + g\,dy) = \frac{\partial f}{\partial x}dx \wedge dx + \frac{\partial f}{\partial y}dy \wedge dx + \frac{\partial g}{\partial x}dx \wedge dy + \frac{\partial g}{\partial y}dy \wedge dy$$
$$= \left(-\frac{\partial f}{\partial y} + \frac{\partial g}{\partial x}\right) dx \wedge dy$$

であることを用いると，$\omega = f\,dx + g\,dy$ について

$$\int_C \omega = \int_S d\omega$$

と表現できます．この式は2次元に限らず微分形式として一般的に成り立つことが証明されています．以下ではこれを用いて証明しましょう．

グリーンの定理の2次元変形版

$$\boldsymbol{F} = \begin{pmatrix} f(x,y) \\ g(x,y) \end{pmatrix}$$

としましょう．曲面 S の周囲を左回りに1周する曲線 C を $l(t) = (x(t), y(t))$ で表すと

$$l(t) = \sqrt{x'(t)^2 + y'(t)^2}\,dt$$

となります．進行方向のベクトル $\begin{pmatrix} x'(t) \\ y'(t) \end{pmatrix}$ に直交する外向きの単位法線ベクトル

$$\boldsymbol{N} = \frac{1}{\sqrt{x'(t)^2 + y'(t)^2}} \begin{pmatrix} y'(t) \\ -x'(t) \end{pmatrix}$$

を考えると

$$\boldsymbol{F} \cdot \boldsymbol{N}\,dl = \frac{1}{\sqrt{x'(t)^2 + y'(t)^2}}(f(x,y)y'(t) - g(x,y)x'(t))\,dl$$
$$= \left(f(x,y)\frac{dy}{dt} - g(x,y)\frac{dx}{dt}\right) dt$$
$$= -g(x,y)\,dx + f(x,y)\,dy$$

なので，これを ω とおきましょう．$dy \wedge dx = -dx \wedge dy$ と，同じ方向だと面積は0ですから，$dx \wedge dx = dy \wedge dy = 0$ に注意して

$$
\begin{aligned}
d\omega &= -\frac{\partial g}{\partial y} dy \wedge dx + \frac{\partial f}{\partial x} dx \wedge dy = \left(\frac{\partial f}{\partial x} + \frac{\partial g}{\partial y} \right) dx \wedge dy \\
&= \operatorname{div} \boldsymbol{F} \, dx \wedge dy = \operatorname{div} \boldsymbol{F} \, dS
\end{aligned}
$$

により

$$
\int_S \operatorname{div} \boldsymbol{F} \, dS = \int_C \boldsymbol{F} \cdot \boldsymbol{N} \, dl \tag{7.27}
$$

が証明されました．

ガウスの定理（グリーンの定理の3次元版）　面 C を $(x(t,s), y(t,s))$ の2つのパラメータで表します．それぞれのパラメータを t 方向に Δt，s 方向に Δ だけちょっと変化させたときの面積は，その面に直交するベクトル

$$
\begin{pmatrix} x(t+\Delta t, s) - x(t,s) \\ y(t+\Delta t, s) - y(t,s) \\ z(t+\Delta t, s) - z(t,s) \end{pmatrix} \times \begin{pmatrix} x(t, s+\Delta s) - x(t,s) \\ y(t, s+\Delta s) - y(t,s) \\ z(t, s+\Delta s) - z(t,s) \end{pmatrix}
$$

の長さで与えられます．その極限を考えて

$$
\begin{pmatrix} \frac{\partial x}{\partial t} \\ \frac{\partial y}{\partial t} \\ \frac{\partial z}{\partial t} \end{pmatrix} \times \begin{pmatrix} \frac{\partial x}{\partial s} \\ \frac{\partial y}{\partial s} \\ \frac{\partial z}{\partial s} \end{pmatrix} - \begin{pmatrix} \frac{\partial y}{\partial t}\frac{\partial z}{\partial s} - \frac{\partial y}{\partial s}\frac{\partial y}{\partial t} \\ \frac{\partial z}{\partial t}\frac{\partial x}{\partial s} \quad \frac{\partial z}{\partial s}\frac{\partial x}{\partial t} \\ \frac{\partial x}{\partial t}\frac{\partial y}{\partial s} - \frac{\partial x}{\partial s}\frac{\partial y}{\partial t} \end{pmatrix}
$$

より，$\boldsymbol{F}(x,y,z) = \begin{pmatrix} f(x,y,z) \\ g(x,y,z) \\ h(x,y,z) \end{pmatrix}$ とおくと，領域 V の境界に対応する面 S の面積要素 dS を考えて

$$
\begin{aligned}
&\boldsymbol{F} \cdot \boldsymbol{N} \, dS \\
&\quad = \left\{ f \left(\frac{\partial y}{\partial t}\frac{\partial z}{\partial s} - \frac{\partial y}{\partial s}\frac{\partial y}{\partial t} \right) + g \left(\frac{\partial z}{\partial t}\frac{\partial x}{\partial s} - \frac{\partial z}{\partial s}\frac{\partial x}{\partial t} \right) \right. \\
&\qquad \left. + h \left(\frac{\partial x}{\partial t}\frac{\partial y}{\partial s} - \frac{\partial x}{\partial s}\frac{\partial y}{\partial t} \right) \right\} dtds
\end{aligned}
$$

$$= f(x,y,z)\,dy\wedge dz + g(x,y,z)\,dz\wedge dx + h(x,y,z)\,dx\wedge dy$$

を得るので，これを ω とおくと

$$\begin{aligned} d\omega &= \left(\frac{\partial f}{\partial x}+\frac{\partial g}{\partial y}+\frac{\partial h}{\partial z}\right) dx\wedge dy\wedge dz \\ &= \operatorname{div}\boldsymbol{F}\,dx\wedge dy\wedge dz = \operatorname{div}\boldsymbol{F}\,dV \end{aligned}$$

となります．ここで $dV = dxdydz$ という通常の積分を表します．より正確には方向も考慮に入れて $dx\wedge dy\wedge dz$ のことですが，dl, dS との記号の統一のため，このように表現しましょう．これにより，グリーンの定理

$$\int_V \operatorname{div}\boldsymbol{F}\,dV = \int_S \boldsymbol{F}\cdot\boldsymbol{N}\,dS \tag{7.28}$$

が示されました．

ストークスの定理　3次元の曲面 S の境界に対応する閉曲線 C を $\boldsymbol{l}(t) = (x(t), y(t), z(t))$ で表しましょう．

$$\begin{aligned} \boldsymbol{F}\cdot d\boldsymbol{l} &= \begin{pmatrix} f(x,y,z) \\ g(x,y,z) \\ h(x,y,z) \end{pmatrix}\cdot\begin{pmatrix} x'(t) \\ y'(t) \\ z'(t) \end{pmatrix} dt \\ &= f(x,y,z)\,dx + g(x,y,z)\,dy + h(x,y,z)\,dz. \end{aligned}$$

これを ω とおけば

$$\begin{aligned} d\omega &= \frac{\partial f}{\partial y}dy\wedge dx + \frac{\partial f}{\partial z}dz\wedge dx + \frac{\partial g}{\partial x}dx\wedge dy + \frac{\partial g}{\partial z}dz\wedge dy \\ &\quad + \frac{\partial h}{\partial x}dx\wedge dz + \frac{\partial h}{\partial y}dy\wedge dz \\ &= \left(-\frac{\partial f}{\partial y}+\frac{\partial g}{\partial x}\right)dx\wedge dy + \left(-\frac{\partial g}{\partial z}+\frac{\partial h}{\partial y}\right)dy\wedge dz \\ &\quad + \left(-\frac{\partial h}{\partial x}+\frac{\partial f}{\partial z}\right)dz\wedge dx \\ &= \operatorname{rot}\boldsymbol{F}\cdot\begin{pmatrix} dx\wedge dy \\ dy\wedge dz \\ dz\wedge dx \end{pmatrix}. \end{aligned}$$

これにより

$$\int_S \mathrm{rot}\,\boldsymbol{F}\cdot dS = \int_C \boldsymbol{F}\cdot\, d\boldsymbol{l} \tag{7.29}$$

が示されました.

第 8 章

微分方程式の解をコンピュータで求めよう

微分方程式の解法を求積法と言います．線形の微分方程式やいくつかの微分方程式についてその求積法を第 4 章で学びました．また，相空間が 2 次元の微分方程式ではベクトル場を描くことで，解の概ねの形が見えることを第 3 章で学びました．この章では，コンピュータを使って解を描く方法を学びましょう．

まず，コンピュータは計算ミスをすることを意識しましょう．コンピュータは有限の桁しか扱えませんから，実数計算では 1 回計算するごとに四捨五入をします．1 回あたりの誤差は小さいものですが，多数回計算すれば，チリも積もれば山となるように，誤差は無視できないものになります．きちんと誤差の評価をしてからでなければ，コンピュータでシミュレーションを行ってはならないのです．それと同時に，コンピュータで解を求めるという応用数学的な方法が，微分方程式にちゃんと解が存在するという純粋数学における「存在定理」の証明になっていることもみましょう．

8.1 オイラー法

微分方程式

$$\frac{dx}{dt} = f(x,t)$$

を初期値 $x(0) = x_0$ で考えましょう．微分の定義に戻れば

$$\frac{dx}{dt}(t) = \lim_{h\to\infty} \frac{x(t+h) - x(t)}{h}$$

ですから，hが十分に小さければ

$$\frac{dx}{dt}(t) \approx \frac{x(t+h)-x(t)}{h}$$

とみなせるでしょう．このことから，時刻$t=0$から始めて

$$\frac{x(h)-x(0)}{h} \approx \frac{dx}{dt}(0) = f(x(0),0) = f(x_0,0)$$

ですから

$$x(h) \approx x(0) + hf(x_0,0)$$

となります．本当の解xに対して，時刻$0,h,2h,3h,\ldots$における近似解を$y_0,y_1,y_2,y_3,\ldots$で表すことにしましょう．$y_0=x_0$ですから

$$y_1 = x_0 + hf(y_0,0)$$

とおき，これを繰り返して

$$y_{n+1} = y_n + hf(y_n,nh)$$

とおきます．こうして得た$y_0,y_1,y_2,\ldots$はhが十分に小さければ，本当の解$x(0),x(h),x(2h),\ldots$に近いはずです．

実際

$$\frac{dx}{dt} = ax$$

を$x(0)=c$で考えてみましょう．

$$y_1 = c + hac = c(1+ha)$$

ですから

$$y_2 = y_1 + hf(y_1) = c + hac + h(ac + ha^2c) = c(1+ha)^2.$$

帰納法を用いれば，一般に

$$y_n = c(1+ha)^n$$

となります．ここで，時刻 t での値を n ステップで得るには $h=\frac{t}{n}$ ですから

$$y_n = c\left(1+\frac{ta}{n}\right)^n.$$

分割を細かくすることと，n を無限大にすることは同じですから

$$\lim_{n\to\infty} y_n = \lim_{n\to\infty} c\left(1+\frac{ta}{n}\right)^n = ce^{at}$$

と本当の解 $x(t)=ce^{at}$ に一致します．

この方法を**オイラー法**と言います．素朴で簡単ですから，プログラムを作るのも容易です．しかし，1 回あたりの誤差が大きいので，精度を上げようと h を小さくすると，計算の回数が増えてかえって誤差が大きくなってしまう場合もありますので，このままでは実用にはなりません．実際，単振動の方程式

$$\frac{dx}{dt}=y$$
$$\frac{dy}{dt}=-x$$

について，初期値 $x(0)=1$, $y(0)=0$ をとって，$h=0.1$ で 100 ステップ求めてみると，図 8.1 のように周期解にはならずどんどん外へ出ていってしまいます．

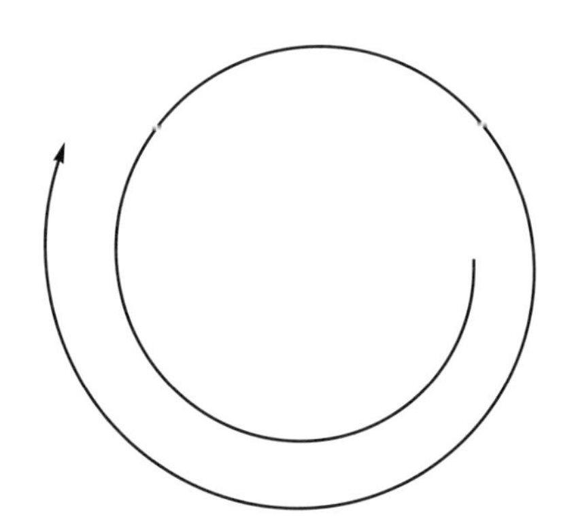

図 8.1　バネの方程式のオイラー法による近似解，誤差により周期的にならない

8.2 解の存在と一意性

物理現象を解析し，微分方程式をたてたとしても，それは現実の現象をモデル化したものですから，その微分方程式に解が存在するかは自明ではありません．自然には解があるではないかというのは，答えになりません．

微分方程式をコンピュータに解かせるという目的で行ったオイラー法は，そのままではあまりに素朴で，コンピュータによる解法にはならないことを8.1節でみました．しかし，hを小さくすれば本当の解に近づくのですから，このことを用いて解の存在を示してみましょう．簡単のため，時間tは$0 \leq t \leq 1$で考えましょう．

定理 8.1　$0 \leq t \leq 1$, $a \leq x \leq b$においてfは有界$(|f(x,t)| \leq M)$かつ**リプシッツ条件**，すなわち，あるLが存在して

$$|f(x,t) - f(x',t)| \leq L|x - x'| \quad (x, x' \in [a,b])$$

をみたすとする．このとき，$a \leq x_0 \leq b$について，微分方程式

$$\frac{dx}{dt} = f(x,t)$$

は初期条件$x(0) = x_0$をみたす解をもつ．

Tは$0 \leq T \leq 1$かつ

$$T \leq \min\left[\frac{1}{L}\log\Bigl(1 + \frac{L(b - x_0)}{M}\Bigr), \frac{1}{L}\log\Bigl(1 + \frac{L(x_0 - a)}{M}\Bigr)\right]$$

をみたすとします．

オイラー法に基づき，$y_0 = x_0$かつ$0 = t_0 < t_1 < \cdots < t_m = T$なる分割$\Delta = \{t_i\}_{0 \leq i \leq m}$を与えて

$$y_{k+1} = y_k + (t_{k+1} - t_k)f(y_k, t_k)$$

と定めて，(t_k, y_k)と(t_{k+1}, y_{k+1})を結んで折れ線$\varphi_\Delta(t)$を作ります．このとき，

1.　この操作が常に可能であること

2. Δ を細かくすれば極限 $\varphi(t)$ に近づき，それは微分方程式の解であること
3. 上で与えた解が唯一つの解であること

を示しましょう．

まず，次の補題を準備します．

補題 8.1 正の数列 $\{h_k\}$ に対して，正の数列 $\{a_k\}$ が

$$a_{k+1} \leq a_k(1 + h_k L) + h_k M$$

をみたせば，$s_k = h_0 + \cdots + h_{k-1}$ とおくと

$$a_k \leq e^{s_k L} a_0 + M(e^{s_k L} - 1)/L$$

をみたす．

証明. 帰納法を用います．$1 + \delta \leq e^{\delta}$ より，$s_0 = h_0$ に注意すると

$$\begin{aligned} a_1 &\leq a_0(1 + h_0 L) + h_0 M = (1 + s_1 L)a_0 + s_1 LM/L \\ &\leq e^{s_1 L} a_0 + M(e^{s_1 L} - 1)/L. \end{aligned}$$

一般に，帰納法の仮定により

$$\begin{aligned} a_{k+1} &\leq a_k(1 + h_k L) + h_k LM/L \\ &\leq e^{s_k L} e^{h_k L} a_0 + [M(e^{s_k L} - 1)(1 + h_k L) + h_k LM]/L \\ &= e^{s_{k+1} L} a_0 + M[e^{s_k L}(1 + h_k L) - 1]/L \\ &\leq e^{s_{k+1} L} a_0 + M(e^{s_{k+1} L} - 1)/L \end{aligned}$$

を得ます． □

$h_k = t_{k+1} - t_k$, $a_k = |y_k - x_0|$ とおくと，オイラー法の構成より

$$\begin{aligned} a_{k+1} &\leq a_k + h_k |f(t_k, y_k)| \\ &\leq a_k + h_k |f(t_k, y_k) - f(t_k, x_0)| + h_k |f(t_k, x_0)| \end{aligned}$$

$$\le a_k(1+h_kL)+h_kM$$

を得ます．補題 8.1 および $a_0=0, t_0=0$ であることから $s_k=t_k$ なので

$$a_k \le M\frac{e^{t_kL}-1}{L}$$

となります．ここで T の条件より

$$a_k \le M\frac{e^{TL}-1}{L} \le M\Big(\frac{L(b-x_0)}{ML}\Big)=b-x_0.$$

同様に，逆の不等式

$$a_k \le x_0-a$$

も得られます．すなわち，$a \le x_k \le b$ をみたすので，この操作は何回でも繰り返せます．

仮定により，リプシッツ条件をみたすので $f(x,t)$ は閉区間 $[a,b]\times[0,1]$ で連続です．閉区間で連続ですから一様連続です．したがって，

$$w(\delta)=\max\{|f(x,t)-f(x,t')|\colon |t-t'|<\delta\}$$

とおくと，$\delta\to 0$ で $w(\delta)\to 0$ をみたします．$w(\delta)$ は単調増加で，劣加法性

$$w(\delta+\delta')\le w(\delta)+w(\delta')$$

をみたします．したがって，w も連続であることがわかります．

Δ' を Δ の細分とします．Δ の $[t_k,t_{k+1})$ が Δ' では n 個に分割されているとして

$$t_k=t'_{k,0}<t'_{k,1}<\cdots<t'_{k,n}=t_{k+1}$$

と表しましょう．

$$h_j=t'_{k,j+1}-t'_{k,j},\quad \varphi_\Delta(t'_{k,j})=y_j,\quad \varphi_{\Delta'}(t'_{k,j})=z_j$$

と表すと

$$z_{j+1}=z_j+h_jf(z_j,t'_{k,j})$$
$$y_{j+1}=y_j+h_jf(y_0,t'_{k,0})$$

をみたします．したがって $|y_j - z_j| = a_j$ とおくと

$$\begin{aligned}&|f(y_0, t'_{k,0}) - f(z_j, t'_{k,j})|\\ &\quad \le |f(y_0, t'_{k,0}) - f(z_j, t'_{k,0})| + |f(z_j, t'_{k,0}) - f(z_j, t'_{k,j})|\\ &\quad \le L|y_0 - z_j| + w(t'_{k,j} - t'_{k,0})\\ &\quad \le L|y_0 - y_j| + L|y_j - z_j| + w(t_{k+1} - t_k)\\ &\quad \le LM(t_{k+1} - t_k) + La_j + w(t_{k+1} - t_k).\end{aligned}$$

このことから μ を分割 Δ に属する区間の最大幅として

$$\begin{aligned}a_{j+1} &\le a_j + h_j|f(y_0, t'_{k,0}) - f(z_j, t'_{k,j})|\\ &\le a_j(1 + h_j L) + h_j(LM\mu + w(\mu)).\end{aligned}$$

これより，補題 8.1 を用いると，$s_k = h_0 + \cdots + h_{n-1} = t_{k+1} - t_k$ とおいて

$$a_n \le e^{(t_{k+1}-t_k)L} a_0 + (LM\mu + w(\mu))(e^{(t_{k+1}-t_k)L} - 1)/L.$$

この式から $b_k = |\varphi_\Delta(t_k) - \varphi_{\Delta'}(t_k)|$ とおくと，$b_{k+1} = a_n$ かつ $b_k = a_0$ なので

$$b_{k+1} \le e^{(t_{k+1}-t_k)L} b_k + (LM\mu + w(\mu))(e^{(t_{k+1}-t_k)L} - 1)/L$$

を得ます．ここで $t_{k+1} - t_k \le \mu$ に注意して，μ を十分小さくとると $e^{(t_{k+1}-t_k)L} - 1 \le 2(t_{k+1} - t_k)L$ としてよいので

$$b_{k+1} \le (1 + 2(t_{k+1} - t_k)L)b_k + (LM\mu + w(\mu))2(t_{k+1} - t_k)$$

が成り立ちます．このことと $b_0 = 0$ に注意して再び補題 8.1 を用いると

$$b_m \le 2(M\mu + w(\mu)/L)(e^{(b-a)L} - 1)$$

を得ます．上の式は $\mu \to 0$ で 0 に収束することから，分割を細かくすれば，各点 t において，$\varphi_\Delta(t)$ は分割 Δ についてコーシー列になることがわかり，$\varphi_\Delta(t)$ は収束することが証明されました．

こうして得た $\varphi(t)$ が微分方程式の解であることを示しましょう．$t, s\ (s < t)$ を固定し，Δ において，$t_k \le s < t_{k+1}$, $t_{k+l} \le t < t_{k+l+1}$ とおきます．

$$\varphi_\Delta(t) - \varphi_\Delta(s)$$

$$
\begin{aligned}
&= (t_{k+1} - s)f(\varphi_\Delta(t_k), t_k) + \sum_{j=1}^{l-1}(t_{k+j+1} - t_{k+j})f(\varphi_\Delta(t_{j+k+1}), t_{k+j+1}) \\
&\quad + (t - t_{k+l})f(\varphi_\Delta(t_{k+l+1}), t_{k+l+1}).
\end{aligned}
$$

これより，$h_j = t_{j+1} - t_j$ ととると

$$
\begin{aligned}
&\varphi_\Delta(t) - \varphi_\Delta(s) - (t - s)f(\varphi_\Delta(t_{k+1}), t_{k+1}) \\
&\quad = (t_{k+1} - s)[f(\varphi_\Delta(t_k), t_k) - f(\varphi_\Delta(t_{k+1}), t_{k+1})] \\
&\qquad + \sum_{j=1}^{l-1} h_{k+j}[f(\varphi_\Delta(t_{j+k+1}), t_{k+j+1}) - f(\varphi_\Delta(t_{k+1}), t_{k+1})] \\
&\qquad + (t - t_{k+l})[f(\varphi_\Delta(t_{k+l+1}), t_{k+l+1})) - f(\varphi_\Delta(t_{k+1}), t_{k+1})]
\end{aligned}
$$

となります．一方，

$$
\begin{aligned}
&|f(\varphi_\Delta(t_{j+k+1}), t_{k+j+1}) - f(\varphi_\Delta(t_{k+1}), t_{k+1})| \\
&\quad \leq |f(\varphi_\Delta(t_{j+k+1}), t_{k+j+1}) - f(\varphi_\Delta(t_{j+k+1}), t_{k+1})| \\
&\qquad + |f(\varphi_\Delta(t_{j+k+1}), t_{k+1}) - f(\varphi_\Delta(t_{k+1}), t_{k+1})| \\
&\quad \leq w(t_{k+j} - t_k) + L|\varphi_\Delta(t_{k+j+1}) - \varphi_\Delta(t_{k+1})| \\
&\quad \leq w(t - s) + LM(t - s)
\end{aligned}
$$

を得ます．この式は $t \to s$ のとき，0 に収束します．

$$
\begin{aligned}
&|\varphi_\Delta(t) - \varphi_\Delta(s) - (t - s)f(\varphi_\Delta(t_{k+1}), t_{k+1})| \\
&\quad \leq \Big\{(t_{k+1} - s) + \sum_{j=1}^{l-1} h_{k+j} + (t - t_{k+l})\Big\}(w(t - s) + LM(t - s)) \\
&\quad \leq (t - s)(w(t - s) + LM(t - s))
\end{aligned}
$$

ここで Δ を細かくとった極限を考えれば

$$
|\varphi(t) - \varphi(s) - (t - s)f(\varphi(s), s)| \leq (t - s)(w(t - s) + LM(t - s)).
$$

を得ます．この両辺を $t - s$ で割って，$s \to t$ ととることで

$$
\varphi'(t) = f(\varphi(t), t)
$$

をみたすことがわかり，$\varphi(t)$ が解であることが証明されました．

解の一意性を示しましょう．同じ初期値 $\varphi^1(0) = \varphi^2(0) = x_0$ をもつ $\varphi^1(t)$, $\varphi^2(t)$ の 2 つの解があったとしましょう．$t > 0$ とします．$\psi(t) = \varphi^1(t) - \varphi^2(t)$ の評価をしましょう．

$$\varphi^i(t) = x_0 + \int_0^t f(\varphi^i(s), s)\,ds$$

ですから

$$\psi(t) = \int_0^t (f(\varphi^1(s), s) - f(\varphi^2(s), s))\,ds$$

なので，リプシッツ条件より

$$\begin{aligned} |\psi(t)| &\le \int_0^t |f(\varphi^1(s), s) - f(\varphi^2(s), s)|\,ds \\ &\le L\int_0^t |\varphi^1(s) - \varphi^2(s)|\,ds \\ &\le L\int_0^t |\psi(s)|\,ds \end{aligned} \tag{8.1}$$

となります．ψ は連続ですから $|\psi(s)| \le M$ をみたす M が存在して，上の式 (8.1) に代入すれば

$$|\psi(t)| \le MLt$$

となり，再び式 (8.1) に代入して

$$|\psi(t)| \le \frac{M}{2}(Lt)^2$$

を得ます．これを繰り返すと

$$|\psi(t)| \le \frac{M}{k!}(Lt)^k$$

となりますので，$k \to \infty$ ととれば，$\psi(t) = 0$ が導けます．

8.3 コンピュータによるよりよい解法を目指して

オイラー法は原理もわかりやすく素朴ですが，誤差が多く実用にはならないと述べました．それではどのようにすればよりよい解法が得られるのか考えてみましょう．もっとも単純な改良は

$$y_{n+1} = y_{n-1} + 2hf(y_n)$$

とおくことです．この方法は**改良オイラー法**（中点法）と呼ばれています．これを実行するには初期値 $y_0 = x(0)$ だけでなく y_1 も必要なことは，上の公式を見ればすぐにわかります．この y_1 はオイラー法で求めましょう．8.1 節でみたように，オイラー法では周期的にならなかった単振動も同じ条件で中点法を用いると，図 8.2 のようにきれいに周期的になります．では，なぜ，この式を用いるとオイラー法よりよくなるのでしょう．オイラー法では $x(t)$ をテイラー展開し

$$\frac{x(t+h)-x(t)}{h} = x'(t) + \text{誤差項}$$

として，$x'(t) = f(x(t))$ を代入することで近似していますが，改良オイラー法では

$$\begin{aligned}\frac{x(t+h)-x(t)}{h} &= x'(t) + \frac{h}{2}x''(t) + \text{誤差項}\\ \frac{x(t)-x(t-h)}{h} &= -x'(t) + \frac{h}{2}x''(t) + \text{誤差項}\end{aligned}$$

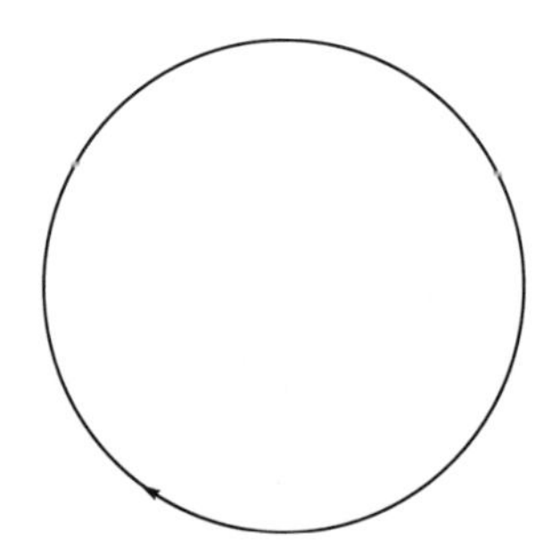

図 8.2　バネの方程式の改良オイラー法による近似解，オイラー法と異なりちゃんと周期的になっている

を引き算することで $\frac{h}{2}x''(t)$ の項が消えて，誤差が h^2 のオーダーになるから近似がよいのです．しかし，この方法にも欠点があります．例えば，微分方程式

$$\frac{dx}{dt} = -x$$

に適応してみると，不自然な振動を始めてしまうのです．この原因は

$$y_{n+1} = y_{n-1} - 2hy_n$$

で，$y_n = a^n$ を解くと

$$a^2 + 2ha - 1 = 0$$

をみたすことから

$$a = -h \pm \sqrt{h^2 + 1}$$

となり，

$$y_n = A\left(-h + \sqrt{1 + h^2}\right)^n + B\left(-h - \sqrt{1 + h^2}\right)^n$$

が一般解となります．テイラー展開すると

$$y_n = A\left(1 - h + \frac{h^2}{2} + \cdots\right)^n + B(-1)^n\left(1 + h + \frac{h^2}{2} + \cdots\right)^n.$$

ここで，$nh = t$ とおいて極限を考えると，前項は Ae^{-t} に収束しますが，後項の $(-1)^n$ は振動しますし，残りは e^t に収束します．初期値が 1 のときの本当の答えは $x(t) = e^{-t}$ ですから，$A = 1$, $B = 0$ の場合ですが，コンピュータでは初期値のわずかな誤差によって，B の項が現れてしまい，振動するというわけです[1]．

ファンデルポルの方程式で実行してみると，図 8.3 で見るように，始めの方はきれいに周期軌道に巻きつく軌道を近似してくれるのですが，途中から振動を始めてしまい，まったく近似にならなくなります．この場合，時間間隔 $h = 0.1$ で 200 回行いましたので，時間的には $t = 20$ まで求めています．そう

[1] この例は，一松信著『微分方程式と解法』，シリーズ新しい応用の数学 15 （教育出版）から引用しました．

図 8.3　ファンデルポルの改良オイラー法による近似解 ($\mu = 0.25$)

は言うものの，本当に簡単な改良で，たいていの場合はオイラー法よりもよい解を示してくれます．

もう1つごく簡単な改良でオイラー法より優っている例を示しましょう．オイラー法では，リーマン積分の定義のように関数の面積を長方形で近似しています．その残った部分が誤差というわけです．それを減らすごく単純なアイディアは長方形の代わりに台形を用いるというものです．それを**台形法**と呼びます．具体的には

$$y_{n+1} = y_n + \frac{h}{2}(f(y_n) + f(y_{n+1}))$$

となります．

その他にもいろいろな公式がありますが，多くはテイラー展開

$$x(t + h) - x(t) + hx'(t) + \frac{h^2}{2}x''(t) + \cdots$$

をどの桁まで合うようにするかを工夫したものです．オイラー法は1桁目，すなわち，h の位まで，中点法と台形法は2桁目，すなわち，h^2 の位まで合うようにしたものです．中点法の例でもわかるように，できるだけ h の次数を高い位まで合わせればいいというものでは必ずしもなく，それぞれの求めたい微分方程式によって，きちんと誤差の項を計算して，誤差が望みの範囲に収まるような計算法を選ばなければなりません．

ルンゲクッタ法と言われる，もっとよい近似法を考えましょう．まず原理を理解するために簡単な2次のルンゲクッタ法を考えましょう．

$$\begin{aligned}
y_n &= y_{n-1} + \frac{h}{2}(k_1 + k_2)\\
k_1 &= f(y_{n-1}, t_{n-1})\\
k_2 &= f(y_{n-1} + hk_1, t_{n-1} + h)
\end{aligned}$$

とおき，tについてテイラー展開をすると

$$\begin{aligned}
k_2 &= f\Big(y_{n-1} + hk_1, t_{n-1} + h\Big)\\
&= f(y_{n-1}) + h\frac{\partial}{\partial t}f(y_{n-1}, t_{n-1}) + hk_1\frac{\partial}{\partial x}f(y_{n-1}, t_{n-1}) + O(h^2)\\
&= f(y_{n-1}, t_{n-1}) + h\frac{\partial}{\partial t}f(y_{n-1}, t_{n-1})\\
&\qquad + hf(y_{n-1}, t_{n-1})\frac{\partial}{\partial x}f(y_{n-1}, t_{n-1}) + O(h^2)
\end{aligned}$$

となり，これを代入すると

$$\begin{aligned}
y_n &= y_{n-1} + \frac{h}{2}(k_1 + k_2)\\
&= y_{n-1} + \frac{h}{2}f(y_{n-1}, t_{n-1})\\
&\qquad + \frac{h}{2}\Big\{f(y_{n-1}, t_{n-1}) + h\frac{\partial}{\partial t}f(y_{n-1}, t_{n-1})\\
&\qquad\qquad + hf(y_{n-1}, t_{n-1})\frac{\partial}{\partial x}f(y_{n-1}, t_{n-1}) + O(h^2)\Big\}\\
&= y_{n-1} + h\,f(y_{n-1}, t_{n-1}) + \frac{h^2}{2}\Big\{\frac{\partial}{\partial t}f(y_{n-1}, t_{n-1})\\
&\qquad + f(y_{n-1}, t_{n-1})\frac{\partial}{\partial x}f(y_{n-1}, t_{n-1})\Big\} + O(h^3)
\end{aligned}$$

となります．一方，y_nをtの関数としてテイラー展開すると

$$\begin{aligned}
y_n(t) = y_{n-1}(t_{n-1}) &+ (t - t_{n-1})y'_{n-1}(t_{n-1})\\
&+ \frac{(t - t_{n-1})^2}{2}y''_{n-1}(t_{n-1}) + O(h^3)
\end{aligned}$$

であり

$$
\begin{aligned}
y'_{n-1}(t) &= f(y_{n-1}(t), t) \\
y''_{n-1}(t) &= \frac{\partial}{\partial t} f(y_{n-1}(t), t) + \frac{\partial}{\partial x} f(y_{n-1}(t), t)\, y'_{n-1}(t) \\
&= \frac{\partial}{\partial t} f(y_{n-1}(t), t) + \frac{\partial}{\partial x} f(y_{n-1}(t), t)\, f(y_{n-1}(t), t)
\end{aligned}
$$

を考慮すると y_n は h の2次の項まで一致することがわかります.

さらに精度を上げる4次のルンゲクッタ法を考えましょう.

$$
y_n = y_{n-1} + \frac{h}{6}(k_1 + 2k_2 + 2k_3 + k_4).
$$

ここで

$$
\begin{aligned}
k_1 &= f(y_{n-1}, t_{n-1}) \\
k_2 &= f\Big(y_{n-1} + \frac{h}{2}k_1, t_{n-1} + \frac{h}{2}\Big) \\
k_3 &= f\Big(y_{n-1} + \frac{h}{2}k_2, t_{n-1} + \frac{h}{2}\Big) \\
k_4 &= f(y_{n-1} + hk_3, t_{n-1} + h)
\end{aligned}
$$

を考え，しつこく4次までテイラー展開をすると

$$
\begin{aligned}
k_2 = f(y_{n-1}, t_{n-1}) &+ \frac{h}{2}\frac{\partial}{\partial t} f(y_{n-1}, t_{n-1}) \\
&+ \frac{h}{2}k_1 \frac{\partial}{\partial x} f(y_{n-1}, t_{n-1})\, f(y_{n-1}, t_{n-1}) \\
&+ \frac{h^2}{2^2 2!}\frac{\partial^2}{\partial t^2} f(y_{n-1}, t_{n-1}) + \frac{h^2}{2^2}k_1 \frac{\partial^2}{\partial t \partial x} f(y_{n-1}, t_{n-1})\, f(y_{n-1}, t_{n-1}) \\
&+ \frac{h^2}{2^2 2!}k_1^2 \frac{\partial^2}{\partial x^2} f(y_{n-1}, t_{n-1}) f(y_{n-1}, t_{n-1})^2 \\
&+ \frac{h^3}{2^3 3!}\frac{\partial^3}{\partial t^3} f(y_{n-1}, t_{n-1}) + \frac{h^3}{2^3 2!}k_1 \frac{\partial^3}{\partial t^2 \partial x} f(y_{n-1}, t_{n-1}) \\
&+ \frac{h^3}{2^3 2!}k_1^2 \frac{\partial^3}{\partial t \partial x^2} f(y_{n-1}, t_{n-1}) + \frac{h^3}{2^3 3!}k_1^3 \frac{\partial^3}{\partial x^3} f(y_{n-1}, t_{n-1}) \\
&+ \frac{h^4}{2^4 4!}\frac{\partial^4}{\partial t^4} f(y_{n-1}, t_{n-1}) + \frac{h^4}{2^4 3!}k_1 \frac{\partial^4}{\partial t^3 \partial x} f(y_{n-1}, t_{n-1}) \\
&+ \frac{h^4}{2^4 2!}k_1^2 \frac{\partial^4}{\partial t^2 \partial x^2} f(y_{n-1}, t_{n-1}) + \frac{h^4}{2^4 3!}k_1^3 \frac{\partial^4}{\partial t \partial x^3} f(y_{n-1}, t_{n-1})
\end{aligned}
$$

$$+\frac{h^4}{2^4 4!}k_1^4\frac{\partial^4}{\partial x^4}f(y_{n-1},t_{n-1})+O(h^5)$$

となり，これに $k_1=f(y_{n-1},t_{n-1})$ を代入します．他の項

$$\begin{aligned}k_3&=f(y_{n-1},t_{n-1})+\frac{h}{2}\frac{\partial}{\partial t}f(y_{n-1},t_{n-1})+\frac{h}{2}k_2\frac{\partial}{\partial x}f(y_{n-1},t_{n-1})+\cdots\\k_4&=f(y_{n-1},t_{n-1})+h\frac{\partial}{\partial t}f(y_{n-1},t_{n-1})+hk_3\frac{\partial}{\partial x}f(y_{n-1},t_{n-1})+\cdots\end{aligned}$$

については k_2, k_3 をさらに代入をして計算をします．その上で

$$\begin{aligned}y'_{n-1}(t)&=f(y_{n-1}(t),t)\\y''_{n-1}(t)&=\frac{\partial}{\partial t}f(y_{n-1}(t),t)+\frac{\partial}{\partial x}f(y_{n-1}(t),t)\,y'_{n-1}(t)\\&=\frac{\partial}{\partial t}f(y_{n-1}(t),t)+\frac{\partial}{\partial x}f(y_{n-1}(t),t)\,f(y_{n-1}(t),t)\\y'''_{n-1}(t)&=\frac{\partial^2}{\partial t^2}f(y_{n-1}(t),t)+2\frac{\partial^2}{\partial x\partial t}f(y_{n-1}(t),t)\,f(y_{n-1}(t),t)\\&\quad+\frac{\partial}{\partial x}f(y_{n-1}(t),t)\frac{\partial}{\partial t}f(y_{n-1}(t),t)\\&\quad\quad+\frac{\partial^2}{\partial x^2}f(y_{n-1}(t),t)\,(f(y_{n-1}(t),t))^2+\left(\frac{\partial}{\partial x}f(y_{n-1}(t),t)\right)^2\end{aligned}$$

と y_{n-1} の 4 回微分も計算して，テイラー展開

$$\begin{aligned}y_n(t)&=y_{n-1}(t_{n-1})+(t-t_{n-1})y'_{n-1}(t_{n-1})+\frac{(t-t_{n-1})^2}{2}y''_{n-1}(t_{n-1})\\&\quad+\frac{(t-t_{n-1})^3}{3!}y'''_{n-1}(t_{n-1})+\frac{(t-t_{n-1})^4}{4!}y''''_{n-1}(t_{n-1})+O(h^5)\end{aligned}$$

と比較することで，とても大変な計算の結果，4 次の項まで一致することがわかりますので，誤差は h^5 のオーダーになります．この方法は多くの微分方程式で誤差の少ない近似解を与えてくれます．

索引

【サ行】

【タ行】

【ナ行】

【ハ行】

Memorandum

Memorandum

著者略歴

森　真（もり　まこと）

1970年　東京大学理学部数学科卒業
1973年　東京大学大学院理学系研究科修士課程修了
1997年　日本大学文理学部教授（現在に至る）

主要著書

なっとくする数理ファイナンス（講談社，2001年）
現象から見た確率論入門（共著 講談社，2002年）
なっとくする統計（共著 講談社，2003年）
確率と確率過程の基礎（経済社会の数理科学3，共立出版，2003年）
ルベーグ積分超入門（共立出版，2004年）
数学で読み解く統計力学（共立出版，2006年）
入門 力学系（水谷正大氏と共著 東京図書，2009年）
入門 確率解析とルベーグ積分（東京図書，2012年）
プリンストン数学大全（監訳 朝倉書店，2015年）

自然現象から学ぶ
微分方程式

Learning differential equation from natural phenomena

2016年2月25日　初版1刷発行

著　者　森　　真

発行者　南條光章
発行所　**共立出版株式会社**
〒112-0006
東京都文京区小日向4-6-19
電話番号　03-3947-2511（代表）
振替口座　00110-2-57035
URL http://www.kyoritsu-pub.co.jp/

印　刷　啓文堂
製　本　協栄製本

検印廃止
NDC 413.6
ISBN 978-4-320-11153-0

一般社団法人
自然科学書協会
会員

Printed in Japan